非洲猪瘟防控实用技术

兰邹然　李玉杰　主编

U0219342

中国农业大学出版社
·北京·

内 容 简 介

本书主要以生猪高效生产和非洲猪瘟防控技术为主要内容。全书共三部分：第一部分生猪高效生产，主要介绍猪场设计和猪舍建筑、种猪引进和繁育体系建设、猪的营养需要和饲料配合、规模养猪饲养管理技术、规模化猪场卫生防疫制度五方面内容。第二部分非洲猪瘟基础知识，介绍非洲猪瘟病原与流行病学特征、临床症状和剖检病变、实验室诊断的相关内容。第三部分非洲猪瘟疫情防控知识，从生物安全角度介绍猪场内部布局及各功能区设计要求、猪场生物安全体系要求、洗消中心生物安全体系要求等内容，本书可供基层畜牧兽医工作者学习使用。

图书在版编目(CIP)数据

非洲猪瘟防控实用技术 / 兰邹然，李玉杰主编 . --北京：中国农业大学出版社，2022.8

ISBN 978-7-5655-2850-7

Ⅰ.①非… Ⅱ.①兰… ②李… Ⅲ.①非洲猪瘟病毒—防治 Ⅳ.①S852.65

中国版本图书馆 CIP 数据核字(2022)第 141619 号

书　　名	非洲猪瘟防控实用技术
作　　者	兰邹然 李玉杰 主编

策划编辑	赵　中	责任编辑	赵　中
封面设计	郑　川		
出版发行	中国农业大学出版社		
社　　址	北京市海淀区圆明园西路 2 号	邮政编码	100193
电　　话	发行部 010-62733489,1190	读者服务部	010-62732336
	编辑部 010-62732617,2618	出 版 部	010-62733440
网　　址	http://www.caupress.cn	E-mail	cbsszs@cau.edu.cn
经　　销	新华书店		
印　　刷	北京鑫丰华彩印有限公司		
版　　次	2022 年 8 月第 1 版　2022 年 8 月第 1 次印刷		
规　　格	170 mm×228 mm　16 开本　11.25 印张　210 千字		
定　　价	45.00 元		

图书如有质量问题本社发行部负责调换

编写人员

主　编　兰邹然　李玉杰

副主编　李云岗　党安坤

编　者　王苗利　薛瑞雪　孙圣福　刘　存　陈　峰　张　月
　　　　　　刘砚涵　强　莉　纪新元　张　欣　曹　峰　邹荣婕
　　　　　　孔祥华　汪　洋　王　敏　陈其美　曹振山　王传清
　　　　　　柴士明　吴家强　彭　军　单　虎　李凤华　王艳玲
　　　　　　张松林　杨晓雪　许冠龙　陶　珊　褚　军　戈胜强

前　言 ●●●●

　　1921 年在尼日利亚首次记载了非洲猪瘟的暴发，之后在非洲、欧洲、亚洲、美洲等地区流行，目前有 20 多个国家报道了该病。2018 年 8 月 3 日，我国首次发现非洲猪瘟疫情，之后该病在全国蔓延，对我国养猪业和国民经济生产造成严重影响。提高生猪生产性能，做好非洲猪瘟疫情防控，是当前提高生猪产业健康有序发展的重要措施；是完成稳产保供任务，提高农民收入，建设美丽乡村的重要组成部分。

　　非洲猪瘟是由非洲猪瘟病毒引起的家猪和野猪的一种急性、热性和高度接触性动物传染病，急性病例的发病率和死亡率可达 100%。世界动物卫生组织（OIE）将非洲猪瘟列为法定报告动物疫病，我国将其列为一类动物疫病。

　　由于非洲猪瘟病毒的特殊性，目前该病尚无有效的疫苗和治疗方法，因此，主要采取严格执行各种生物安全防护措施，以达到防控非洲猪瘟的目的。为了便于广大兽医工作者和养猪朋友们了解和掌握非洲猪瘟相关知识，提升非洲猪瘟防控能力，在"山东省重点研发计划（重大科技创新工程）非洲猪瘟防控关键技术研究与应用"项目的支持下，我们编写了《非洲猪瘟防控实用技术》。本书主要包括生猪高效生产、非洲猪瘟基础知识、非洲猪瘟疫情防控知识相关内容。

　　随着非洲猪瘟相关研究的不断深入，非洲猪瘟的防控知识也会随时更新。限于编者掌握非洲猪瘟知识的水平，书中可能存在不妥和疏漏之处，敬请读者批评指正。

编　者

2022 年 5 月

目 录 ●●●●

3

第二部分　非洲猪瘟基础知识

第三部分　非洲猪瘟疫情防控知识

第 一 部 分

生猪高效生产

第一章　猪场设计和猪舍建筑

第一节　建场要求

一、场址选择

(一)地势地形

地势要求高燥平坦,背风向阳,有缓坡,排水良好,最好占用山南坡等非耕地。

地形要求开阔整齐,并有足够的面积。自繁自养猪场生产区面积的计算标准:按繁殖母猪每头为 45～50 m²,按年出栏商品猪每头为 2.5～3 m²。不同规模猪场占地面积的调整系数为大型(10 000 头以上)0.8～0.9 m²,中型(5 000～10 000头)1.0 m²,小型(2 000～5 000 头)1.1～1.2 m²。

(二)土壤

透气性好、易渗水的沙壤土,热容量大。避免在旧畜牧场址和有重金属、多氟污染及碘、硒严重缺乏的地区建场。

(三)水源水质

水源充足,水质良好,符合饮用水标准。猪场每天每头需水量:种公猪 40 kg,空怀和妊娠母猪 40 kg,带仔母猪 75 kg,断奶仔猪 5 kg,育成猪 15 kg,育肥猪25 kg。

(四)交通运输

交通方便,距铁路和国家一、二级公路不少于 1 000 m,距三级公路不少于500 m,距四级公路不少于 200 m。

(五)社会条件

远离居民点,大中型猪场要求 2 000 m 以上,小型猪场 1 000 m 以上。方圆3 000 m 以内无其他畜牧场、屠宰场、肉品加工厂、皮革厂、化工厂、矿场,确保场区水源等不受周围污染。猪场周围有围墙或防疫沟,并建立绿化隔离带。猪场的粪污能就地利用,农牧结合,有利于环境保护。

(六)能源条件

电力、电话及其他能源供应充足。

二、场区规划布局

(一)猪场分区

猪场分管理区、生产区、隔离区三个功能区,各区界限分明,联系方便。各区排列,按全年主风向及地势由上而下的排列顺序为:管理区→生产区→隔离区(图 1-1)。

图 1-1 标准化猪场选址鸟瞰图

管理区内包括工作人员的生活设施,猪场的办公设施,与外界密切接触的生产设施(饲料库、车库等);生产区主要包括各类猪舍及生产区内使用的设施;隔离区内包括兽医室、病猪隔离舍、病死猪焚烧处理和粪便污水处理设施。

各功能区之间的间距不少于 50 m,并有防疫隔离带或隔离墙(图 1-2)。

(二)场区内道路

场区内应分净道、污道,互不交叉。净道用于运送饲料、用具和产品,污道用于运送粪便、废弃物及病死猪。生产区对外封闭,生产管理区和隔离区设通向场外的道路(图 1-3)。

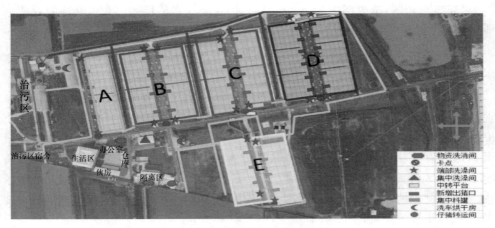

图 1-2　猪场功能区划分示意图

图 1-3　猪场内部道路走向示意图

(三)场区的隔离

场区周围设隔离林或围墙。猪舍之间、道路两旁应植高大遮阴树种,裸露地面应植草皮绿化。场区绿化夏季可降低气温 10%,减低风速 70%～80%,减少空气尘埃 35%~60%,减少细菌 25%~80%。场区雨雪水的排除应在道路两旁设明或暗排水沟,切不可与舍内排污管道通用。

(四)建筑物布局

生产管理区对外联系密切,应建在生产区大门之外。

生产区内各类猪舍应考虑配种、转群方便,有利于卫生防疫。种猪舍、仔猪舍应设在高处,位于上风向;育肥舍应设在低处,位于下风向。由高到低或自上而下的排列顺序为:繁殖猪舍(包括后备、待配、怀孕母猪及种公猪舍)→分娩舍→仔猪培育舍→育成猪舍→育肥舍。装猪台靠近育成和育肥猪舍,便于运猪车在场外装猪。繁殖区(包括繁殖猪舍、分娩舍、仔猪培育舍)的栋间距应为 8 m 以上,繁殖区与育成育肥舍间应有较宽的隔离带,距离应为 30 m 以上。病猪隔离舍和粪污处理区应置于位置最低的下风向,距生产区至少 50 m。

三、猪场面积

自繁自养场面积按年出栏商品猪数乘以 2.5~3.0 m² 计算,其中猪舍建筑面积按年出栏商品猪数乘以 0.8~1.0 m² 计算,猪场辅助建筑面积按年出栏商品猪数乘以 0.12~0.15 m² 计算;育肥场面积按每批出栏商品猪数乘以 3 m² 左右,其中猪舍面积按每批出栏商品猪数乘以 1.4 m² 左右计算。

第二节 猪舍设计与建筑

一、设计参数

(一)猪场的性质和规模

猪场的性质可分为 3 种:仔猪繁育场、商品猪育肥场、自繁自养场。猪场的规模按生产任务来确定。仔猪繁育场的规模以能繁母猪的头数来确定,商品猪育肥场的规模以年出售商品猪的头数来确定,自繁自养场的规模是用能繁母猪的头数和年出售商品猪的头数两部分来确定。

(二)猪场的生产指标

猪场的生产指标是进行工艺设计的重要依据,根据山东省的生产实际,其内容及生产指标如下。

公母比例:本交 1:30,人工授精 1:200[育种场 1:(8~10)]。

种猪的利用年限:3 年。

母猪断奶至发情天数:7～10 d。

情期受胎率:85%,分娩率:90%。

产前进产房天数:7 d。

窝产活仔数:10 头,仔猪断奶时间:21～28 d。

哺乳仔猪成活率:90%。

仔猪的保育天数:28 d,保育成活率:95%。

生长育肥期:105～112 d。

生长育肥成活率:98%。

(三)猪群组成

猪群组成是指按工厂化生产工艺进入正常生产时,各类猪群的头数。

1. 能繁母猪头数　由猪场生产规模确定。

其中产仔母猪数＝(母猪的头数×产床上的天数)/母猪的生产周期。

注:母猪的生产周期为:114 d＋21 d 或 35 d＋7 d,即 142 d 或 156 d。

母猪在产床上的天数为:21 d 或 28 d。

2. 成年公猪数　为能繁母猪头数的 1/30,育种场为 1/(8～10)。

3. 后备猪数　每年春季留种一次,数量应分别为种公母猪数的 1/3。

4. 哺乳仔猪数　产仔母猪数×窝产活仔头数。

5. 保育仔猪数　每周断奶仔猪数×培育周数。

6. 育肥猪存栏数　每周断奶仔猪数×育成成活率×育肥周数。

(四)生产工艺流程

现代生产工艺流程都采用阶段饲养,有四阶段、五阶段等。山东省一般为四阶段,每阶段实行全进全出,其工艺流程为:

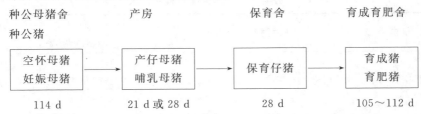

注:仔猪在 21～28 d 断奶后在原圈继续饲养 7 d。70 日龄保育期结束。

(五)猪舍的设计

猪舍设计应根据工艺流程以周为单位确定,各类猪舍的单元数或栏圈数的确

定方法是：

产房的单元数＝产仔母猪在产房的周数＋1；

每个单元的产床数＝产仔母猪数/产仔母猪在产房的周数；

保育舍的单元数＝保育猪在保育舍的周数＋1；

每个单元的保育床＝产床数；

育成育肥猪舍单元数＝育成育肥猪在猪舍的周数＋1；

每个单元的育成育肥猪数＝每周断奶仔猪数×育成成活率。

二、猪舍建筑

猪舍建筑应根据当地自然气候条件，因地制宜采用开放式、有窗式或封闭式，猪舍的屋顶采用双坡式或拱形。猪舍的高度应与跨度成正比，跨度 8～12 m，舍顶高度 2.8～3.2 m，有窗式或封闭式猪舍的房檐高 2.4～2.6 m，拱形棚式结构栏墙高按育肥猪 1 m，种猪 1.2 m。

猪舍的朝向和间距必须满足日照、通风、防火和防疫等要求，猪舍长轴朝向以南向或南偏东 15°以内为宜，相邻两舍纵墙间距 8～10 m。相邻两排猪舍端墙间距 8 m，猪舍距围墙不少于 10 m，除走道外还要留足绿化带，以利于净化空气和环境保护。

猪舍内布局要求：猪栏应沿猪舍长轴方向呈单列或多列布置，猪舍两边和中央设置喂料、清粪及管理用通道。

产房和保育舍可采用网上饲养，其他猪只采用硬化地面或加漏缝地板。硬化地面要求平整结实，易于冲洗，能耐受各种形式的消毒。地面既不能太光滑，也不能太粗糙，防止猪只滑倒或磨伤肢蹄。地面向粪沟处做 1％～3％的倾斜，舍内地面不积水。各类猪群饲养密度和猪栏面积按表 1-1 确定。

表 1-1　各类猪群饲养密度和猪栏面积

猪群类型	每栏饲养头数	每头面积（实地）/m²	每头面积（漏缝地板）/m²
种公猪	1	9	7.5
妊娠母猪、空怀母猪、后备猪	4 左右	2.5	2，限位栏为 2.1×0.65
产仔母猪	1	6	3.7～4.0
保育猪	10～20	0.6～0.8	0.2～0.4
生长猪	10 左右	0.9	0.5～0.7
育肥猪	10 左右	1.0～1.2	0.8～1.0

三、猪场附属设施

(一)饲料供应

根据各类猪的营养需要加工全价配合饲料,其配套的饲料加工能力应按表1-2确定,并设置储料库及运输车辆(图1-4)。

表1-2　饲料加工能力表

猪场规模(年出栏头数)	5 000~10 000	20 000~30 000	30 000 以上
饲料加工能力/(t/h)	1.2~2.0	2.5~3.0	3.5 以上

图1-4　饲料储存库及饲料运输车辆

(二)给水、排水设施(图1-5)

猪场供水设施主要包括供水管道、过滤器、减压阀和自动饮水器,应符合GB/T 17824.1—2008 的规定。场区内污水应用地下暗管排放,并设明沟排放雨、雪水。生活与管理区的给水、排水按工业民用建筑有关规定执行。畜禽饮用水质量应符合农业行业标准《无公害食品》。

(三)供热保温设备(图1-6)

红外线灯:是最常用的仔猪局部供暖设备。

电热保温板:是常用的仔猪局部供暖设备,要求保温板外壳采用机械强度高、耐酸碱、防老化、不变形的橡胶或工程塑料制成,板面有条棱防滑。

热风炉:用于提升产房和仔培舍整栋舍的舍温,使猪舍保持温暖、干燥、空气清新。

图 1-5 猪舍供水供给系统

图 1-6 猪舍供暖设备、供暖控制系统

（四）通风降温设备

为了节约能源,有窗猪舍多采用自然通风,但在炎热的夏季,或猪只密度过大,必须采用机械强制通风。通风方式有:侧进(机械)上排(自然)通风、上进(自然)下排(机械)通风、纵向负压通风和湿帘通风等(图1-7)。开放式的猪舍降温,一般采用冷水喷雾降温,但是产房和保育舍不能采用喷雾降温,否则导致湿度过高细菌滋生,仔猪拉稀。各类猪的必要换气量见表1-3。

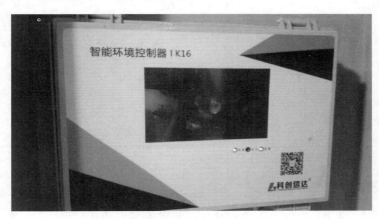

a. 猪舍智能环境控制器

b. 猪舍湿帘、排风系统

图1-7　猪舍温度控制器和通风设备

表 1-3 各类猪的必要换气量

猪群类型	周龄	体重 /kg	换气量/[m³/(头·min)]		
			冬季		夏季
			最低	正常	
母猪(带仔)	0～6	1～9	0.6	2.2	5.9
	6～9	9～18	0.04	0.3	1.0
肥猪	9～13	18～45	0.04	0.3	1.3
	13～18	45～68	0.07	0.4	2.0
	18～23	68～95	0.09	0.5	2.8
繁殖母猪 种公猪	20～32	100～115	0.06	0.6	3.4
	32～52	115～135	0.08	0.7	6.0
	52	135～230	0.11	0.8	7.0

注:冬季舍内风速最好维持在 0.3～0.5 m/s 以内。

(五)清粪系统

粪污清除和处理设备主要采用:人工清理、水冲清除和机械刮粪。人工清粪节约水,操作方便,投资少,山东省的猪场普遍采用。在猪栏的粪沟上设置漏缝地板,并结合采用水冲清粪或机械刮粪,是工厂化养猪处理舍内粪污较为理想的办法。其优点是:保持栏内卫生,改善环境条件,减少人工清扫强度,但缺点是:浪费水,粪水量大,处理设备投资高。

12

第二章 种猪引进和繁育体系建设

第一节 种猪引进

猪场应坚持自繁自养的原则,必须引进猪只时,则应从无疫区到具有《种畜禽经营许可证》的种猪场引进,并按照 GB 相关进行检疫。体型外貌必须符合所引进品种的品种特征和标准,每头猪都有档案系谱卡、防疫证明。

装运的猪只必须无疫病症状,有当地官方兽医签发的产地检疫证明和相应证件。转运车辆应做过彻底清洗消毒,装运过程中不准接触偶蹄兽;装车后猪只应用来苏尔消毒和防止猪只咬斗。

引进猪只应置于生产区外隔离饲养,进行疫病检测和饲养观察,经 30 d 确认无病并注射猪瘟和其他有关疫苗后,方可入生产区混群饲养(图 2-1)。

图 2-1 引进猪隔离饲养

第二节　猪种选择和繁育体系建设

办好现代化规模猪场,除了采用现代化养猪工艺和合理的猪舍建筑外,还要重视猪的品种选择和繁育体系建设。根据市场需求,认真选择猪的品种,充分利用杂交优势,是提高养猪生产水平和经济效益的基础。

一、猪的品种

山东省地方猪种资源丰富,既有耐粗抗病,繁殖力高和肉品鲜嫩多汁的莱芜猪、烟台黑猪、五莲黑猪、里岔黑猪和沂蒙黑猪,又有国外新引进的长白、大约克、杜洛克、汉普夏和皮特兰猪,现将这些猪种的选育和配合力测定情况介绍如下。

莱芜猪、烟台黑猪、五莲黑猪、里岔黑猪和沂蒙黑猪(图 2-2)分别经过 2～6个世代的选育,瘦肉率从 39%～46%提高到 47%～52%,日增重从 366～550 g提高到 428～630 g,饲料报酬从(4.5～3.8):1 降低为(4.11～3.5):1;筛选的最优二元杂交组合瘦肉率 52%～55%,日增重 520～750 g,饲料报酬(3.9～2.6):1;三元杂交组合瘦肉率 57%～61%,日增重 580～710 g,饲料报酬(3.5～2.44):1。同时还进行了里岔黑猪和昌潍白猪的选育,瘦肉率也分别达到了 47.18%和 55.64%。20 世纪 80 年代地方猪选育结果和最佳杂交组合成绩见表 2-1、表 2-2 和表 2-3。

表 2-1　地方猪种选育结果

猪种	选育代数	初产活仔/头	断奶窝重/kg	日增重/g	饲料报酬	瘦肉率/%
莱芜猪	4	10.92	114.55	428	4.11:1	47.50
烟台黑猪	6	10.88	152.26	631	3.50:1	48.17
五莲黑猪	2	9.88	107.98	562	3.65:1	52.05
沂蒙黑猪	4	9.39	111.35	571	3.45:1	48.87
里岔黑猪	2	11.11	169.39	590	3.66:1	47.18
昌潍白猪	2	9.56	151.28	738	3.42:1	55.64

注:断奶窝重为 60 日龄窝重。

图 2-2　选育的沂蒙黑猪

表 2-2　筛选的二元杂交组合肥育性能

组合	日增重/g	提高/%	料重比	提高/%	瘦肉率/%	提高/%
汉莱	528	43.09	3.90：1	21.27	52.71	11.04
汉沂	668	17.61	3.48：1	11.45	55.60	7.29
长烟	752	18.61	2.55：1*	13.56	52.20	4.13
杜里	656	1.86	2.81：1	17.11	56.85	7.84
杜五	531	10.17	3.44：1	15.06	61.00	10.62

说明：表中 * 为精料，提高是指比母本提高的百分数。

表 2-3　筛选的三元杂交组合肥育性能

组合	日增重 /g	提高 /%	料重比	提高 /%	瘦肉率 /%	提高 /%
汉大莱	726	47.86	3.46∶1	20.09	61.48	11.08
汉大沂	672	7.35	3.23∶1	12.23	59.72	9.04
汉大五	585	16.07	3.05∶1	16.67	58.60	4.53
杜长烟	717	−4.65	2.44∶1	4.31	60.23	8.03

说明：表中提高是指比二元母本提高的百分数。

　　随着社会发展和人民生活水平的进一步提高,简单地利用国外引进瘦肉猪进行二元、三元杂交,无论是生产水平还是瘦肉率都不能满足人们对养猪高效益的追求和市场对瘦肉的需求。为此,各地在筛选出最优二元杂交组合的基础上,20 世纪 90 年代山东省又开始培育地方瘦肉猪合成母系。目前,培育的合成母系有胜利白猪、烟台猪瘦肉系、莱芜猪Ⅰ系、Ⅱ系、沂蒙黑猪合成系、里岔黑猪瘦肉系。这些专门化母系不仅生长快、瘦肉率高、饲料报酬好,而且适应性强、繁殖率高、肉质好,深受养猪者欢迎。这些合成母系培育结果见表 2-4。

表 2-4　瘦肉猪合成母系培育结果

猪种	世代数	初产活仔 /头	60 日龄头数 /头	60 日龄窝重 /kg	日增重 /g	料重比	瘦肉率 /%
烟台猪	7	10.52	9.94	186.04	723	2.77∶1	61.04
胜利猪	6	10.50	9.13	170.53	722	3.02∶1	61.10
莱芜猪Ⅰ	2	14.55	12.55	103.55	513	3.30∶1	50.03
莱芜猪Ⅱ	2	14.10	11.90	198.45	580	3.35∶1	52.71
里岔猪	6	12.21	10.89	218.13	774	2.84∶1	57.14
沂蒙猪	2	9.69	8.30	153.64	651	2.86∶1	57.69

说明：莱芜猪Ⅰ、Ⅱ系的繁殖性能为经产猪。

　　在地方猪合成系培育的同时,全省又组建了 5 个引进瘦肉型猪原种猪场,并从丹麦、法国、加拿大、美国、英国引进具有世界先进水平的长白、大约克、杜洛克和汉普夏种猪,进行纯种繁育和杂交父系的筛选。利用杂交父系与培育的地方猪合成母系进行了 87 个组合的实验,筛选出的配套系商品猪瘦肉率达到了 61.10%～63.63%,日增重为 685～862 g,饲料报酬为(3.02～2.49)∶1,分别达到或接近国外引进瘦肉型猪间杂交或配套系商品猪的生产水平。山东省地方猪合成母系与杂交父系的配合力筛选结果见表 2-5。

表 2-5 山东省地方猪合成母系配合力筛选结果

组合	日增重/g	饲料报酬	瘦肉率/%	眼肌面积/%	肉品品质
汉杜×胜Ⅱ	824	2.87∶1	62.22	41.08	正常
长白×烟台	862	2.60∶1	63.63	35.37	正常
长大×里岔	831	2.49∶1	61.50	37.89	良好
汉杜×莱Ⅱ	685	3.02∶1	61.10	39.59	良好

地方瘦肉猪合成系的培育及配套系商品猪生产,为山东省的养猪生产提供了生产性能各具特色适合于规模猪场和分散饲养的优良猪种和配套生产模式,尤其是繁殖性能和肉品品质均明显优于国外引进的瘦肉型猪种,将成为新世纪山东养猪生产的主力军。对这些地方瘦肉猪合成系进一步选育提高,同时对筛选的杂交父本进行合成系(即专门化父系)的培育,不仅能使配套系商品猪的肥育性能进一步提高,并且简化了配制商品瘦肉猪的杂交程序,适应当地条件,开始走上具有我国特色的商品瘦肉猪生产的路子。

二、猪种选择

猪的品种不同,生产性能不同。山东省的莱芜猪、大蒲莲猪、里岔黑猪、五莲黑猪等地方良种,具有耐粗抗病、繁殖力高、肉质好的突出优点,但是生长慢(日增重400～500 g),耗料多(料重比 4∶1 以上),瘦肉率低(45%左右),难以适应市场的需求,饲养者效益低。国外引进的杜洛克、汉普夏、新长白、大约克夏猪种,尤其是最近几年新引进的具有双肌臀型的猪种,日增重都在 800 g 以上,料重比 2.6∶1左右,瘦肉率 63%以上。其中新长白、大约克夏,繁殖性能较高,平均每胎产活仔11 头左右。

对于起点较高的规模猪场,尤其是自己屠宰、分割、加工,产品销往北京、上海或出口的猪场,直接利用新长白和大约克夏的杂种母猪当母本(繁殖性能是低遗传力性状,杂交优势明显,比纯种做母本繁殖性能高)。杜洛克或"汉杜"猪作父本,生产"杜长大"或"汉杜长大"杂交商品瘦肉猪,商品瘦肉猪的杂种优势明显,育肥指标可以高于以上的纯种指标。

对于起点低,饲养管理水平也较低的规模猪场,在母本猪选择上可考虑选用山东省耐粗饲,发情明显,母性好,抗逆性强,肉质好的地方猪种与"长白""大约克"的杂交母猪作母本,例如"大莱""长沂"等,再与"汉普夏""杜洛克"等父本猪进行三元杂交生产商品猪,虽然瘦肉率稍低,日增重和饲料报酬也不及"杜长大",但母猪好饲养,易繁殖,商品猪肉质也好,也能获得较好的经济效益。另外,还可根据市场高

17

层次消费者的需要,生产无公害、肉鲜嫩多汁的地方猪或地方猪的二元杂交商品猪,例如"大莱""杜里""杜五"等。以高价位的优质名牌地方良种猪肉赢得市场,获得较高的经济效益,这也是应该提倡的发展方向。

三、繁育体系的建设

一个自繁自养的规模猪场,尤其是基础母猪超过 500 头的猪场,必须建立自己的纯繁与杂交相结合的良种繁育体系。自己繁育杂交母猪,终端公猪数量比较少,本交按 1∶30 左右配备,一个万头猪场仅需 15～20 头,按年更新 30%,每年到种猪场购进 6 头左右即可。而 500 头母猪每年需要更新 200 头,每年引种不仅需要大量资金,疫病控制也较困难。如果是长大母猪,可以建场时一次性引进长白和大约克各 40 头左右的纯繁群,逐代选育提高。同时,根据场内需要,两个品种杂交配制"长大"或"大长"母猪,更新生产群的母猪。通过对两纯繁群的选育,生产群也将收到水涨船高的效果。

如果是利用迪卡猪生产配套系,必须按比例到祖代场购买父母代种猪。

第三节　良种繁育规程

一、种猪选择

从猪场饲养的主要瘦肉型猪种中,选出体质外貌、生长发育、生产性能优良,并符合本品种特征,健康无病的作为种猪繁殖群。严格执行选种标准和选配计划,不断选优汰劣,提高生产性能,使本场繁殖群的繁殖性能和商品猪的质量逐代得到改进提高。

二、猪群结构

繁殖母猪的数量,根据猪场的生产规模,约占全年猪出栏计划总头数的 6%,种母猪利用到 5～6 胎,繁殖性能优良的个体可利用到 7～8 胎。母猪群的合理胎龄结构为 1～2 胎占生产母猪的 30%～35%,3～6 胎占 60%,7 胎以上占 5%～10%。种公猪一般利用 2～3 年。对繁殖性能差,后代体质不好的公母猪不能继续留作种用。

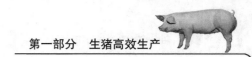

三、核心群的建立

规模较大的猪场,可以建立起自己的核心种猪群,从繁殖母猪群中严格精选出体质外貌优秀,繁殖和哺育性能好,后代生长发育较好,年龄在2～3.5岁的做核心种猪群。核心群母猪头数应占繁殖母猪总头数的15％～20％。

四、后备猪的选留

后备母猪每年可在核心群母猪第2～4胎的仔猪中选留,并在春季选留。后备母猪的数量约占种母猪群体的40％。窝选与个体选并重,体质外貌好,断奶体重大,同窝仔猪数量多且生长发育均匀,无先天性疝气,无单睾、隐睾;头小颈轻,背腹平行,四肢粗壮灵活有力,高矮适中,臀部肌肉丰满,呈双脊双背,后肢间开阔。后备母猪外阴充盈,无副乳头,瞎乳头,乳头7对以上排列整齐均匀。后备公猪两侧睾丸明显,大小对称,无包皮积尿。选好的小猪打上耳号,公母分开,6月龄后采取限量饲喂,观察其性成熟表征,做好记录。凡体质衰弱,肢蹄存在明显疾患,体型有损征,外阴特别小,以及出现了遗传缺陷者淘汰。有条件者此时可根据生产性状构成综合选择指数进行选留或淘汰。对发情正常、表现明显的母猪优先选留,配种时留优去劣,保证有足够的优良后备母猪补充,以确保基础母猪群的规模。留种用的后备猪,应建立起系谱档案。

五、合理利用

瘦肉型后备母猪配种年龄为8～9月龄,体重在110～120 kg;后备公猪配种年龄为9～10月龄,体重120 kg以上,初次配种时进行配种调教。后备公猪开始配种或采精次数,每周2～3次为宜。随着年龄增长,可适当增加次数,至少到1.5岁后方可按成年公猪使用,每天一次,连续使用4～5 d休息一天。在自然交配情况下,公母比例为1:30,采用人工授精的公母比例为1:(200～300)。

六、指标要求

后备母猪初胎产合格仔猪7.5头以上,初生窝重9 kg以上,经产母猪年产2.2胎以上,每胎产合格仔猪9～12头,初生窝重11～15 kg。5周龄断奶个体重达8.5 kg以上,70日龄下保育床的个体重达25 kg以上,产房仔猪死亡率6％以下,保育舍仔猪死亡率3％以下,生长育肥猪死亡率2％以下。母猪连产两胎仔猪数均少于6头的应予以淘汰。

19

七、杂交模式

商品猪要充分利用杂交优势,杂交猪要求体型外貌及毛色尽量一致,以提高品质和商品规范化,适应加工企业和外销市场的需要。

八、引种与档案的建立

对引进的瘦肉型纯种猪要进行选育,根据各猪场生产情况,制订出选育良种和配种繁殖计划,对现有种猪群做好提纯复壮的选育工作,不断提高瘦肉猪的生产性能。小规模猪场为了减少制种费用,可直接引进二元杂种母本和终端父本公猪,生产三元杂交商品猪。所有种猪都要编号登记,定期鉴定种猪的体质外貌、繁殖性状、后代生长发育和肥育性能等,建立种猪系谱档案和配种繁殖卡等资料,由专人保管。各生产场应有计划地隔一定的时间就到国家或省定点的原种场引进种猪,以便更新血统。及时引进新种公猪是提高猪群质量的一项有效措施。

第三章　猪的营养需要和饲料配合

第一节　猪的营养需要

营养需要是根据猪的不同生长阶段的生理特点,采用不同的营养水平,满足生产和生长需要,使之充分发挥遗传潜力,提高生产水平和经济效益。瘦肉型猪的各类猪营养需要见表 3-1。

表 3-1　各类猪日粮营养水平

猪　别	体重 /kg	消化能 /(MJ/kg)	粗蛋白质 /%	赖氨酸 /%	钙 /%	磷 /%
公猪		13.0~13.5	13.0~15.0	0.60	0.75	0.60
母猪		13.0~13.5	14.0~17.0	0.68~0.78	0.85	0.60
哺乳仔猪	1~10	14.0~14.5	20.0~22.0	1.20~1.60	0.80	0.60
断奶仔猪	10~20	13.5~14.0	18.0~20.0	0.90~1.0	0.70	0.60
肥育猪	20~60	13.0~13.5	15.0~17.0	0.80	0.60	0.50
肥育猪	60~110	13.0~13.5	13.0~15.0	0.65	0.60	0.50

注:种公猪的幅度分别为配种期和非配种期,母猪的幅度分别为妊娠期和哺乳期。

第二节　饲料及饲料添加剂的使用

一、饲料原料及要求

猪的饲料原料种类很多,常用的籽实类饲料有:玉米、小麦、地瓜干、大豆、稻谷等。加工副产品有:豆饼、花生饼、棉籽粕、菜籽粕、酒糟、粉渣、小麦麸和米糠等。动物类有:蚕蛹、鱼粉、肉骨粉、血浆粉、乳清粉等。矿物质类有:骨粉、碳酸钙粉、磷酸氢钙粉等。其营养成分可查表,各地各类饲料的精确数据必须化验。

饲料原料的要求应遵循以下几条:

(1)严禁饲喂霉烂变质、冰冻、农药残毒污染严重、被黄曲霉或病菌污染的饲料,有害物质及微生物允许量应符合 GB 13078 的规定。

(2)感官要求:色泽新鲜一致,无发霉、变质、结块及异味、异嗅。

(3)制药工业副产品不应做猪饲料原料。

二、营养性和非营养性饲料添加剂的要求

营养性饲料添加剂包括:氨基酸、维生素类和矿物质类。

非营养性饲料添加剂包括:生长促进剂(抗生素、合成抗菌药物类、酶制剂、酸化剂等)、驱虫保健剂、饲料保存剂以及改善适口性、刺激消化等添加剂。要求如下:

(1)感官要求:具有该品种应有的色、嗅、味和组织形态特征,无异味、异嗅。

(2)饲料中使用的营养性和非营养性饲料添加剂应是中华人民共和国农业农村部公布的《饲料添加剂品种目录》(附录 A)所规定的品种和取得试生产产品批准文号的新饲料添加剂品种。

(3)饲料中使用的饲料添加剂产品应是农业部颁发的饲料添加剂生产许可证的正规企业生产的、具有产品批准文号的产品。

(4)饲料添加剂的使用应遵照饲料标签所规定的用法和用量。

三、药物饲料添加剂的要求

(1)药物饲料添加剂的使用应按照中华人民共和国农业部发布的《药物饲料添加剂品种目录及使用规范》执行。

(2)无公害猪饲料中不应添加氨苯砷酸、洛克沙肿制剂类药物饲料添加剂。

(3)使用的药物饲料添加剂应严格执行休药期规定。

(4)猪饲料中不应直接添加兽药。

(5)猪饲料中不应添加国家严禁使用的盐酸克伦特罗等违禁药物。

四、配合饲料、浓缩料和添加剂预混料的要求

配合饲料:也称全价饲料,能满足猪的全部营养的饲料。

浓缩料:又称料精,指配合饲料中除去能量饲料的剩余部分。

添加剂预混料:4%～5%的添加剂预混料是指配合饲料除去能量和蛋白质部分;0.5%～1%的添加剂预混料是指配合饲料除去能量、蛋白质、钙、磷和食盐部

分。要求如下:

(1)感官要求:色泽一致、无发霉变质、结块和异味异嗅。

(2)产品成分分析值应符合标签中所规定的含量。

(3)猪配合饲料中有害物质及微生物允许量应符合 GB 13078 的规定。

(4)30 kg 体重以下猪的配合饲料中铜的含量应不高于 250 mg/kg;30～60 kg 体重猪的配合饲料中铜的含量应不高于 150 mg/kg;60 kg 体重以上猪的配合饲料中铜的含量应不高于 25 mg/kg。

(5)浓缩料有害物质及微生物允许量和铜的含量按说明书的规定用量,折算成配合饲料中的含量,不应超过(2)、(3)标准中的规定。

(6)添加剂预混合饲料中有害物质及微生物允许量见表 3-2。

表 3-2　有害物质及微生物允许量

项目	砷(以 As 计)	重金属(以 Pb 计)	沙门氏菌
仔猪、生长育肥猪微量元素预混料/(mg/kg)	≤10	≤30	不得检出
仔猪、生长育肥猪复合预混料/(mg/kg)	≤10	≤30	不得检出

第三节　饲料配合

一、饲料加工要求

饲料加工厂卫生管理和生产过程中的卫生应符合 GB/T 16764 的要求。

配料:计量要精确,原料要稳定,误差不应大于规定范围。对微量和极微量组分应进行预稀释,并且应在专门的配料室内进行。配料室应有专人管理,保持卫生整洁。

混合:混合时间应按设备性能不少于规定时间。投料工序应按先大量、后小量的原则进行。投入的微量组分应将其稀释到配料称最大称量的 5% 以上。生产含有药物饲料添加剂的饲料时,应根据药物类型,先生产药物含量低的饲料,再依次生产药物含量高的饲料。同一班次应先生产不添加药物饲料添加剂的饲料,然后生产添加药物饲料添加剂的饲料。为防止加入药物添加剂的饲料产品在生产过程中的交叉污染,在生产不同加入药物添加剂的饲料产品时,对所用的生产设备、工具、容器应进行彻底清理。

贮存:饲料贮存应符合 GB/T 16764 的要求,不合格和变质饲料应做无害化处理,不应存放在饲料贮存场所。饲料贮存场地不应用化学灭鼠药和杀鸟剂。

二、饲料配合

饲料配合应遵循以下原则:

(1)营养水平适宜　配方中各营养水平之间达到平衡,其中特别注意氨基酸的平衡。

(2)体积适中　应注意猪的采食量与饲料体积大小的关系,体积过大吃不完,体积过小吃不饱。公猪料体积过大易造成垂腹。

(3)适口性　适口性好的多用,适口性差的少用。

(4)灵活应用　选择适宜的饲养标准和饲料原料,通过饲养实验、观察猪的生长发育及生产性能,进行酌情修正。

(5)粗纤维含量　仔猪不超过 3%,生长猪不超过 6%,种母猪不超过 12%。

(6)安全卫生指标　重金属超标、发霉变质和有毒性的饲料决不能用,严格按中华人民共和国饲料卫生标准(GB 13078—2017)执行。

(7)优质廉价　应根据生产需要,提高配合饲料的档次,并根据原料价格变化,随时调整配方,获得最佳经济效益。

(8)多样化　合理搭配多种饲料,以发挥各种物质的互补作用,提高饲料的利用率。

(9)合理使用添加剂　饲料添加剂的使用应严格按农业部无公害猪肉生产的要求执行。

饲料配方应就地取材,按以上原则科学搭配,以下配方仅供参考(表 3-3)。

表 3-3　参考饲料配方　　　　　　　　　　　　　　　　kg

原料	仔猪 (5~10)	仔猪 (11~20)	生长猪 (21~40)	育肥猪 (41 至出栏)	妊娠猪	哺乳猪	种公猪
玉米	50.40	59.20	60.40	59.40	49.00	45.60	54.00
豆粕	16.00	24.00	22.00	18.00	13.00	19.00	26.00
麸皮		5.00	8.50	10.00	16.60	16.00	13.60
草粉				9.00	18.00	11.00	
鱼粉	5.00	4.00	3.00			4.00	2.00
蛋白粉	4.10						
乳清粉	15.00						
豆油	3.00	2.00	1.00				

续表 3-3   kg

原料	仔猪 (5~10)	仔猪 (11~20)	生长猪 (21~40)	育肥猪 (41 至出栏)	妊娠猪	哺乳猪	种公猪
磷酸氢钙	1.90	1.80	1.80	1.60	1.50	2.00	2.00
石粉	1.00	1.00	0.80	0.60	0.50	1.00	1.00
赖氨酸	0.30	0.20	0.10				0.10
食盐	0.30	0.30	0.40	0.40	0.40	0.40	0.40
柠檬酸	2.00	1.50	1.00				
1%添加剂	1.00	1.00	1.00	1.00	1.00	1.00	1.00
合计	100.00	100.00	100.00	100.00	100.00	100.00	100.00

第四章　规模养猪饲养管理技术

集约化猪场,应采用分群分段流水式"全进全出"的生产工艺流程。根据全年生产出栏计划总头数,母猪分周分批配种分娩,保育猪、商品猪按不同生长阶段分批饲养,实行单元式"全进全出"饲养方式。

第一节　配种舍饲养管理程序

一、后备母猪的饲养管理

后备母猪应根据体重大小、品种类型分群管理,使其生长发育均匀。小群每栏可 4～6 头饲养。瘦肉型后备母猪应加强培育,适当饲养,保持适度的膘情,切勿过肥或过瘦。基本日粮喂量 2.5～3.0 kg,体重 90 kg 以后日粮控制在 2.0～2.5 kg。但在配种前 2 周实行短期优饲,日喂量 3.5～4.0 kg,以提高产仔数,配种后减到配种前饲喂量,怀孕 84 d 后,喂量增至 3.0～3.5 kg。怀孕猪的日粮要添加足量的微量元素和多维素。有条件的喂给一定量的青绿饲料。

新引入的后备母猪要进行隔离饲养,仔细观察 1 个月,确实健康者方可进入猪场,引入 2 周后进行常规免疫(图 4-1)。

后备母猪 180 日龄后,每天早晚用成年公猪与后备母猪接触,以刺激发情,并记录母猪的发情情况。后备母猪初配年龄,一般根据后备母猪的背膘厚、体重来确定,当背膘厚在 18～22 cm、体重达到 120 kg 时适宜配种,可以提高第一窝的产仔数。实践证明,后备母猪初配年龄在 210～230 日龄时,产仔数及各种生产性能较好。后备母猪到 250 日龄仍不发情,应当采取措施。如经改善饲养管理及药物治疗等措施处理仍未出现发情症状或连续 3 个发情周期配不上种的,应予以淘汰。后备母猪的圈舍应保持干燥、卫生,温度、湿度适宜,空气新鲜。

图 4-1 后备母猪隔离饲养

二、种公猪饲养管理

种公猪饲养管理的主要目标是体质结实,体况不肥不瘦,精力充沛,保持良好的性欲,精液品质良好,提高配种受胎率。

(一)后备公猪引入

根据全群公猪情况及时引入后备公猪。隔离方法与引入的后备母猪隔离方法相同,要加强对公猪接触和调教,使其性情温顺,易于以后的训练配种。按免疫程序进行常规免疫。

(二)后备公猪饲养管理

后备公猪 210 日龄前自由采食,但应避免过肥,210 日龄后定时定量饲喂,每天 2.5~3.0 kg 后备公猪料。

后备公猪达到 210 日龄时进行调教。采用假台猪训练时,应先让公猪熟悉几次。调教时避免喧闹、惊吓公猪,避免公猪产生恐惧行为。连续调教几次到 240 日龄,使后备公猪掌握配种技巧。初次配种,应选择体型与种公猪相差不多、发情旺盛、易接受爬跨的复配母猪,使后备公猪初次配种有一个良好的开端。

(三)种公猪的饲养管理

1. 定时定量饲喂 每天饲喂量 2.5~3.0 kg,以满足公猪正常需要为标准,每日每头可加喂一枚鸡蛋,还应喂一定量的青绿饲料,并防止过肥。日粮中应有足够的维生素、矿物质。采用干粉料或湿拌料,日喂 2~3 次,保证充足的饮水。食槽内的剩水剩料要及时清理更换。配种要在饲喂后 1~2 h 进行,并形成定时配种的良好习惯。

2. 科学管理 对公猪态度要和蔼,严禁恫吓、踢打,在配种射精过程中不得给予任何干扰。每天坚持清扫猪栏,保证公猪栏内清洁干燥、不打滑,减少蹄部疾病造成的公猪跛行。每天刷试一次猪体,保持猪体清洁卫生,减少生殖疾病。冬季舍内铺设垫草,夏季做好防暑降温。定期免疫,公猪数量多可分批进行,每批间隔 1 周,为减少应激对配种的影响,免疫后 1 周内应减少配种使用,或只作为复配时使用。

3. 公猪的使用与利用强度 后备公猪初配为 9~10 月龄、体重 120 kg 以上。后备公猪开始配种或采精次数,每周 2~3 次为宜。成年公猪,每天一次,连续使用 5~6 d 休息一天。自然交配公母比例为 1:30,人工授精的公母比例为 1:(200~300)。公猪赶入配种栏,注意避免两头公猪相遇咬斗造成损伤。配种时应辅助公猪顺利进行配种,并防止公猪滑倒或从母猪身上跌下对公猪造成伤害。配完后,将公猪缓慢赶回原公猪栏,严禁踢打公猪,防止对公猪以后配种留下不利影响(图 4-2)。

图 4-2 公猪单圈饲养

精液检查,每月对公猪检查 2 次精液,认真填写检查记录,精子活力超过 0.8 以上才能使用。对不经常使用的公猪再次使用前也要进行精液检查。

公猪要经常运动,每天运动 800~1 000 m,也可以通过试情来完成。运动要在饲喂后进行。

每季度统计一次每头公猪的使用情况:交配的母猪数及配种效果。

三、空怀、妊娠母猪的饲养管理

(一)断奶前后饲养管理

一般产后3～5周进行断奶,最好先转出母猪,仔猪留原圈饲养。断奶后的母猪实行群饲,可3～5头一圈,按大小、强弱、肥瘦分群管理。

断奶前后适当减料,断奶当天不喂料,然后至配种前2.5～3.0 kg/d,饲料仍采用哺乳期饲料,促使母猪多排卵。对那些断奶时过渡消瘦的母猪,断奶前后不仅不减料,还应加大饲喂量和补饲一定的青绿饲料,使其尽快恢复体况,以便及时发情配种。

断奶后每天用公猪诱情,刺激发情,缩短断奶至配种的天数,提高年产仔窝数(图4-3)。

图4-3　断奶后待配种母猪

断奶后母猪一般4～7 d内开始发情,7～14 d配种率可达90%以上,而对那些断奶后14 d仍不发情母猪应采用改善饲养管理、公猪诱情、激素处理等措施,使之发情配种。

(二)配种后30 d的饲养管理

配种后,转入固定栏中饲养。配后30 d之内减少调栏造成的应激,有利于胚胎的着床。日喂2次,日喂量2.0～2.5 kg,对膘情不好的加料至3.0～3.5 kg,仍采用哺乳期料。注意查返情,对返情母猪重新配种,最好不用上一情期配种的公猪配种(图4-4)。

(三)妊娠30～84 d饲养管理

(1)饲喂量在2.0～2.5 kg/d,根据膘情适当调整喂料量。

图 4-4　妊娠前期母猪

（2）妊娠诊断在配种后 18～23 d、35 d、45 d 进行。

（3）对配后 75 d 未明显看出怀孕的母猪应每天查情（图 4-5）。

（四）妊娠 84～112 d 的饲养管理

喂量 3.0～3.5 kg/d，此期胎儿快速生长，应充分满足胎儿的营养需要，并补

图 4-5　妊娠中期母猪

充维生素、矿物质（图 4-6）。

图 4-6　妊娠后期母猪

避免各种应激，如踢打、热应激等，以免造成死胎。

产前 7 d 对母猪清洗、消毒，然后转入产房适应环境。

配种妊娠猪舍应始终保持栏舍干燥卫生，温度、湿度适宜和空气新鲜，温度调控在 15～18 ℃，相对湿度 50％～70％。

四、配种舍的生产管理

配种是猪繁殖中的一个重要环节，是整个养猪场的生产基础。配种间的主要工作，就是使尽可能多的母猪怀孕并顺利地到产房产出尽可能多的健康仔猪。

目标：全群母猪情期受胎率达 85％以上，力争每头生产母猪平均年产仔 2 窝，每窝平均产仔 10 头以上，认真做好各种记录。

(一)待配母猪的管理和查情

配种母猪包括:断奶母猪、复配母猪、返情母猪、后备母猪。

1. 饲养管理　饲喂前将料槽清洗干净,喂料量要依据母猪饲喂程序和体况适当调整。在猪只吃料过程中,观察每一头母猪的采食情况和健康状况,如出现流产、阴道炎、跛行、精神沉郁等问题,应记录母猪和舍栏号,并及时上报。

根据舍内温度、湿度、气味等,调控舍内通风,不同季节采取不同的通风方式,例如:冬季关窗保温,开启风机来调节舍内空气质量。夏季白天关窗开风机,加强通风降低猪舍内温度,晚上开窗;春、秋季,通过开关窗来控制温度和通风。及时清扫母猪栏、公猪栏及配种间内粪便,保持栏圈干燥卫生清洁。

2. 查情　每天早晚分别试情一次,早晨在上班后 1 h 进行,试情是配种间最重要的工作之一。方法是:选用两岁以上性欲旺盛、性情温顺的成年公猪通过断奶母猪栏门口,注意不应过快,要让公猪与母猪头对头接触,刺激断奶母猪,以观察发情症状(图 4-7)。

母猪的发情症状表现为:阴户红肿、咬栏杆、烦躁不安、食欲减小、从阴户流出黏液。当目光呆滞、两耳竖起、弓背、出现静立反射、黏液变得黏稠(表明将要排卵)并允许公猪爬跨,即为配种适期。母猪的发情周期是 21 d(18～24 d),持续期 3～5 d,配种成功的关键是正确掌握母猪的发情症状。对发情母猪及返情母猪做出标记,并记录不正常母猪的液体排出情况,如子宫炎、阴道炎。

3. 消毒　用高锰酸钾水溶液清洗消毒发情母猪的阴户与臀部,为配种工作做好准备。

(二)配种与配种计划的实施

1. 适时配种　母猪经试情鉴别确定发情后,在按压其背部表现安定(或接受公猪爬跨)时配第 1 次,间隔 8～12 h 配第 2 次,商品场配第 2 次时用另外一头公猪,效果更好。配种时间一般在公猪吃完料后 1～2 h 进行。

每栋配种舍可根据情况设配种栏,配种栏应在每次配种后彻底清洗消毒,使之卫生、干燥、不打滑,以利于配种。将发情母猪赶入配种栏,按事先制定的配种计划将使用的公猪赶入(图 4-8)。

配种时每栏需两名人员进行辅助,辅助前手部清洗消毒,特别对腿部有问题的猪只要进行保护。采用本交,应尽可能延长交配时间,以使公猪充分射精,提高配种效果。

配完后,轻拍母猪臀部,使子宫收缩,防止精液倒流。将配完种的母猪转入固定栏中,尽量减少调动。填写母猪配种记录卡,包括配种日期,与配公猪,是否发生

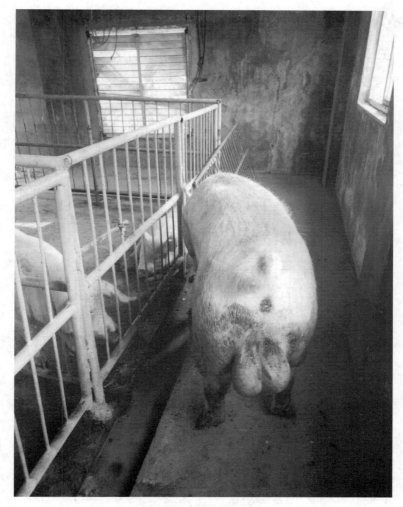

图 4-7　利用公猪查情

阴道炎,流产等疾病及日期。

　　2. 完成每周配种计划　每周配种计划就是配种间一周要完成的配种母猪数,完成每周配种计划是配种间的一项主要任务,目的是使配种间的怀孕母猪数和产房产仔母猪数达到预定目标。为了确定每周配种数量,首先要确定每周产仔母猪数,如一个 1 000 头基本母猪的种猪场,母猪年产仔窝数应达到 2 300 窝,为实行"全进全出"的生产工艺流程,则每周产仔母猪数应为 44 头。则每周配种母猪数,

2020年

配种计划

种猪ID	品种	母系指数	公猪ID	品种	母系指数
YYRZYZ219508002	大白	119.63	YYRZYZ219388405	大白	114.44
YYRZYZ219507106	大白	106.04	YYRZYZ219398611	大白	139.37
YYRZYZ219506104	大白	104.52	YYRZYZ218282001	大白	120.50
YYRZYZ219506102	大白	95.29	YYRZYZ218322207	大白	102.07
YYRZYZ219505906	大白	94.25	YYRZYZ218298303	大白	112.37
YYRZYZ219505902	大白	96.40	YYRZYZ219405701	大白	109.12
YYRZYZ219505204	大白	108.15	YYRZYZ218275711	大白	130.80
YYRZYZ219504406	大白	118.14	YYRZYZ218343401	大白	114.25
YYRZYZ219504402	大白	115.09	YYRZYZ218275001	大白	123.88
YYRZYZ219504306	大白	122.05	YYRZYZ218308715	大白	92.90
YYRZYZ219504302	大白	120.29	YYRZYZ218313501	大白	123.65
YYRZYZ219503208	大白	122.71	YYRZYZ218317301	大白	141.14
YYRZYZ219503202	大白	122.47	YYRZYZ218271801	大白	138.06
YYRZYZ219503008	大白	141.26	YYRZYZ218273303	大白	118.11
YYRZYZ219502502	大白	152.91	YYRZYZ218327601	大白	104.62
YYRZYZ219502312	大白	116.17	YYRZYZ218322207	大白	102.07
YYRZYZ219502302	大白	115.56	YYRZYZ218254301	大白	134.45
YYRZYZ219501902	大白	110.66	YYRZYZ219394705	大白	125.47
YYRZYZ219501302	大白	132.88	YYRZYZ218275711	大白	130.80
YYRZYZ219501206	大白	130.60	YYRZYZ218315901	大白	118.08
YYRZYZ219500902	大白	118.53	YYRZYZ218308715	大白	92.90
YYRZYZ219500602	大白	118.14	YYRZYZ218378103	大白	103.26
YYRZYZ219500312	大白	117.76	YYRZYZ218339103	大白	95.05
YYRZYZ219499810	大白	122.44	YYRZYZ218280603	大白	118.16
YYRZYZ219499406	大白	129.85	YYRZYZ218308801	大白	117.95
YYRZYZ219499302	大白	120.77	YYRZYZ218273303	大白	118.11
YYRZYZ219499210	大白	134.81	YYRZYZ218298501	大白	140.16
YYRZYZ219499204	大白	142.97	YYRZYZ218273303	大白	118.11
YYRZYZ219497602	大白	122.57	YYRZYZ218308715	大白	92.90
YYRZYZ219497404	大白	116.65	YYRZYZ218308715	大白	92.90
YYRZYZ219496910	大白	108.51	YYRZYZ219386401	大白	140.58
YYRZYZ219495606	大白	114.12	YYRZYZ218327601	大白	104.62
YYRZYZ219495602	大白	110.83	YYRZYZ218301909	大白	111.08
YYRZYZ219494102	大白	122.30	YYRZYZ218295901	大白	111.92
YYRZYZ219493612	大白	122.46	YYRZYZ218318203	大白	118.77
YYRZYZ219492104	大白	107.95	YYRZYZ218310003	大白	116.91
YYRZYZ219491002	大白	122.54	YYRZYZ218317301	大白	141.14
YYRZYZ219489904	大白	116.87	YYRZYZ218327601	大白	104.62
YYRZYZ219489808	大白	119.63	YYRZYZ218317301	大白	141.14
YYRZYZ219489110	大白	119.32	YYRZYZ218282301	大白	108.99
YYRZYZ219489002	大白	125.31	YYRZYZ218310003	大白	116.91
YYRZYZ219488804	大白	125.50	YYRZYZ218302701	大白	107.20
YYRZYZ219488802	大白	112.54	YYRZYZ218282301	大白	108.99
YYRZYZ219487704	大白	115.79	YYRZYZ218342105	大白	134.75
YYRZYZ219487702	大白	126.76	YYRZYZ218342105	大白	134.75
YYRZYZ219486902	大白	119.30	YYRZYZ218268801	大白	87.89
YYRZYZ219486808	大白	118.01	YYRZYZ218298303	大白	112.37
YYRZYZ219486402	大白	106.96	YYRZYZ218273303	大白	118.11
YYRZYZ219486106	大白	106.20	YYRZYZ218344801	大白	119.44
YYRZYZ219486104	大白	121.15	YYRZYZ218339103	大白	95.05
YYRZYZ219486008	大白	121.92	YYRZYZ218317301	大白	141.14
YYRZYZ219486002	大白	132.18	YYRZYZ218317301	大白	141.14
YYRZYZ219485902	大白	122.98	YYRZYZ218343401	大白	114.25
YYRZYZ219485606	大白	124.39	YYRZYZ218305903	大白	111.39
YYRZYZ219485602	大白	126.64	YYRZYZ218282301	大白	108.99

图 4-8　配种计划表

按产仔率80%计算,应为55头,才能使产房每周产仔母猪数达到44头目标。每周配种计划主要靠每周断奶母猪配种数、返情母猪数和后备母猪数来实现,当断奶母猪、返情母猪数基本固定时,则要靠后备母猪数来实现,所以保证选留数量足够的后备母猪非常重要。一般选留后备母猪数量占总母猪群30%～40%。

选留或引进后备母猪目的是替代淘汰和死亡母猪,完成每周配种计划,保证养猪场正常生产,达到满负荷运转。后备母猪的日龄大小应有计划,根据每周后备母猪补充数目对日龄进行调整,当调整的间隔合理时,可以使后备母猪在达到最佳配种日龄(210～220)时,在并不影响完成每周配种计划前提下及时配种,减少延后配种的后备母猪数量,以减少浪费。

(三)不发情母猪的处理与淘汰

1. 母猪断奶后 7 d 仍未发情,应与公猪进行合群刺激发情,每天 10 min 左右,效果比较明显。若仍不发情,则注射激素,可采用如孕马血清、绒毛膜促性腺激素、前列烯醇、三合激素、促排 3 号等进行催情和促进排卵。个别断奶母猪患有生殖道疾病应给予治疗。后备母猪超过 240 日龄仍不表现发情症状,应通过限料、调栏、混群以及注射激素等刺激发情。

2. 合理淘汰母猪,主要根据母猪生产性能和胎次进行选择,建立合理的淘汰制度。

母猪淘汰的原因:

不怀孕的母猪最好立即淘汰;

返情两次以上的母猪受孕率很低,应在第三次返情时淘汰;

腿病造成的无法配种,视治疗情况淘汰;

体况过肥或过瘦,改善饲养管理 2 周以上仍配不上种;

连续 2 胎产仔数在 6 头以下;

产后无乳;

8 胎以上体况不好;

断奶后产道有不明原因的炎症且 1 周内不能治愈。

第二节　产房饲养管理程序

一、产前产后的饲喂与管理

根据母猪体况,给母猪增减喂料量,使母猪顺利地渡过哺乳期,并使母猪在哺乳期有个较好的生产体况,使仔猪获得较好的断奶重,也有利于母猪断奶后的正常发情。

(一)饲喂程序

母猪进入产房后饲喂程序应做调整,这样有利于母猪产仔和产后的正常哺乳。

1. 产前　从转入产房开始,根据体况,从日喂 3.0～3.5 kg,至产前 3 天减为 3 kg,日喂 2 次,产前第 2 天饲喂 1 次 2 kg,产前 1 天饲喂 1.0～1.5 kg。日粮可适当增加麸皮等具有轻泻性的饲料。产仔当天的母猪不喂料,只供清洁的饮水。对瘦弱的母猪少减或不减,并增加 25 g 电解多维。

2. 产后　第 1 天饲喂 1 次 0.5～1.0 kg,第 2 天饲喂 2 次 1.0～1.5 kg,第 3 天饲喂 3 次,增加到 2.5 kg,然后每天增加 0.5 kg,直到 5～7 kg(图 4-9)。

图 4-9　产床上的母猪、仔猪

3. 日粮中要添加足量的微量元素和维生素。有条件时加喂一些青绿饲料。

(二)观察母猪

(1)是否便秘。

(2)是否有阴道排出物。

(3)乳房是否发硬、发热。

(4)食欲是否正常。

(5)体温是否正常。

(6)精神状况有无异常。

(7)胎衣是否下完。

(8)是否给予用药。

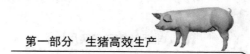

(三)日常管理

巡查:这是每天上班要做的第一件工作。每次进产房的母猪要逐床核查耳号、预产期是否与档案相符。查看猪只,对于异常的母猪、仔猪要及时处理。通过查看,对当天工作有充分合理安排。观察舍内温度,随时开关天窗。查看保温灯、饮水、饲喂设备,发现问题,及时解决。

二、分娩与接产

(一)分娩征兆

母猪临近分娩时,外阴部膨软,颜色也由红变紫,乳堤隆起,乳房膨胀而带有光泽,分娩前 2～3 d,母猪行动、起卧等动作稳重谨慎,乳头可分泌乳汁,乳堤有点发热,乳房呈"八"字形分开并挺直。当突然停食、紧张不安、时起时卧,以头撞击栏门或食槽等,粪便小而软,频频排尿,轻捏乳头可挤出浓稠初乳,则说明即将分娩。

如果要使母猪同期分娩,便于管理,可在预产期前一天早晨注射氯前列烯醇 0.1 mg/头。

(二)分娩前的准备

1. 接产用具及药品:产仔记录表格、毛巾、剪子、碘酊、肥皂、结扎线、秤和断尾、剪牙、耳号钳等。用具全部消毒。

2. 产仔前管理人员应提前将加热灯具装好,提高护仔箱局部温度,母猪临产前用 0.1% 浓度的新洁尔灭或高锰酸钾溶液刷洗母猪外阴、后躯及乳房,同时接产人员指甲要剪平、磨光,以备难产时助产。

(三)接产

母猪分娩时一般侧卧,经过几次剧烈阵缩与努责后,胎衣破裂,血水、羊水流出,随后产出仔猪。一般每 5 min 左右产出 1 头仔猪,整个分娩过程为 1～4 h,超过 4 h 可能是难产,应根据具体情况采取相应的助产措施。如胎衣破裂,羊水流出后,在确认产道内没有胎儿时可为母猪注射催产素。

1. 仔猪产出后,应一手握住其前躯,一手用毛巾擦干其口鼻及全身的黏液。如发现胎儿包在胎衣内产出(胎盘前置),应立即撕破胎衣,抢救仔猪。

2. 全身擦干后,当脐带停止跳动时,距腹部 3 cm 断脐,断端涂碘酊,如脐带流血不止时,应立即用消毒的结扎线扎紧(结扎线经碘酊浸泡)或用手捏住,直到不流血为止。

剪牙、断尾、编号、称重并登记分娩哺乳卡。

剪牙:剪牙钳要用 75% 的酒精充分消毒,牙齿要剪平,尽可能接近牙龈,但切勿伤到牙龈,同时灌服 2 mL 庆大霉素。

断尾:一般在距尾根 2.5～3 cm 处断尾,切断后用碘酊涂伤口。

4. 辅助新生仔猪尽早吃上初乳,吃乳前将每个乳头的乳汁挤掉几滴,以防污染。

5. 假死仔猪(产出后没有呼吸,但心脏仍在跳动)要立即进行急救。方法是:仔猪四肢朝上,一手托住肩部,一手托住臀部,反复一屈一伸进行人工呼吸(屈伸动作应与猪的呼吸频率相近);或一手提起仔猪后肢,使头向下,另一手拍打背部,直到出现呼吸为止。

6. 难产处理:胎膜破裂,胎水流出,母猪起卧不安,弓背、侧卧后长时间不产,努责次数增多,阵痛加剧,甚至发生呼吸困难,可按难产处理,需及时进行助产。接产员将指甲剪短、磨平,手臂用 2%～5% 来苏尔水消毒,涂上滑润油,五指并拢成圆锥状,趁努责暂停时缓慢伸入产道探仔,接触到胎儿时抓住不放,随母猪努责将仔猪拉出产道。但应注意切勿损伤产道和子宫。正产后停止手掏。

7. 仔猪全部产出后,胎衣全部排出需 1～3 h,超过 3 h 就需要采取相应措施。检查胎衣内脐带头的数目是否与仔猪头数相等(包括死胎),相等则说明胎衣全部排完。胎衣排完后,应把胎衣、脐带头、死胎全部清除掉,并喷洒消毒药水。母猪注射抗生素。

(四)仔猪寄养

出现以下情况时应采取寄养措施。

1. 仔猪数超过母猪的有效乳头数。

2. 产期相近的(2～3 d 以内)母猪产仔数少。

3. 母猪因病少奶或无奶、死亡。

4. 同窝仔猪个体重参差不齐(图 4-10)。

5. 母猪终止泌乳。

寄养时应做好以下几点:

1. 用来苏尔水同时喷洒寄养母猪、被寄养仔猪。

2. 产期尽量接近不超过 3 d。

3. 寄养的仔猪必须吃过初乳。

4. 寄母泌乳量要高。

5. 一般是产期早的寄养给产期晚的效果较好。

(五)母猪的产后护理

1. 保持舍内温度适宜,空气新鲜,清洁干燥。冬季在保温的同时要特别注意通

图 4-10　体重参差不齐待寄养仔猪

风换气,保持舍内空气新鲜。夏季 7—8 月份要采取措施防暑降温,相对湿度不宜超过 75%,在解决保温防暑时要处理好母猪和仔猪对温度要求不同的矛盾(图 4-11)。

2. 保证充足饮水,随时检查饮水器。

3. 保护好母猪的乳房和乳头,注意母猪是否出现坚硬高热乳房、便秘、阴道恶露、食欲不振等,体温是否正常,对出现问题者对症治疗。

4. 防止母猪踩、压仔猪。

5. 晚上提供照明,仔猪安装加热灯和电热板,局部温度保持在 30～33 ℃。1 周后可逐渐降为 28～30 ℃。

三、哺乳仔猪饲养管理

(1)固定奶头,吃好初乳　将弱小的仔猪放在前面几对出奶多的奶头上,强壮放在后面,尽量在产后 1～2 d 内固定好奶头。产仔数少于奶头数的,可让弱小个体占 2 个奶头。

(2)加强保温、防冻防压　采用保温箱红外线灯或电热板等局部保温措施,出生时温度达到 33 ℃,至 28 日龄逐渐降至 25 ℃。采用产床分娩防压。

(3)补铁　生后 2～3 日龄注射铁制剂 150～200 mg。为确保补铁效果 1 周龄可再注射一次。

(4)补充饮水　3～5 日龄开始每天可拿几头仔猪到自动饮水器强制饮水,经过几次训练便可成功。或在开始时,在栏内安装盛水小盆,引诱仔猪饮水。

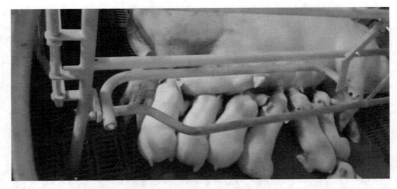

图 4-11　产床正常生产母猪

　　(5)诱食补料　仔猪 5～7 日龄在小食槽中加少量料,让其自由拱食,或采取强制诱食,即在仔猪熟睡时将乳猪料抹入仔猪口中,经过几天训练便可认食。饲料必须保持新鲜,无粪、尿等污染,随着日龄和采食量增大,逐渐增加添料次数和饲喂量。避免将仔猪料槽放在加热灯下,以防饲料变质。乳猪料原料的组成,可选用部分适口性好、易消化、含抗体球蛋白、营养丰富的乳制品、血浆蛋白粉等,并添加有机酸和酶制剂(图 4-12)。

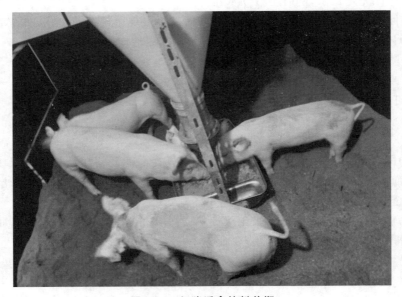

图 4-12　仔猪诱食补料前期

（6）去势　公猪 7～10 日龄去势，去势前将用具和手术部位用 75％的酒精或碘酊消毒。

（7）日常管理　经常查看仔猪，注意精神状况及有无疾病，如拉痢、饥饿、关节炎等问题，对出现问题要全面的分析原因，对症治疗。

（8）环境要求　密切注意环境温度，控制温度在适宜范围内。高温季节注意降温，通风换气。保持产床及产房的干燥清洁，卫生状况良好。

（9）疫病防控　注意母猪的健康状况，保持母猪具有好的泌乳力。产房消毒一般为舍外每 2 d 一次，舍内为每周 2 次。应不留死角，彻底消毒。根据猪场内和周边的疫情状况，随时调整免疫程序。

四、断奶

（1）仔猪采用 3～5 周龄早期断奶，断奶前确定应该淘汰的母猪。对继续生产的母猪于断奶前一周进行免疫注射。

（2）认真填写母猪卡片的断奶记录，清点仔猪数。将公、母猪分开转到保育舍。将母猪安静地赶到配种舍。整理灯罩、母猪和仔猪料槽、清扫空舍保持卫生。断奶仔猪转群时应在傍晚进行。

（3）每单元产房仔猪断奶后，空栏 1 周，进行彻底冲洗消毒，先将舍内外及设施（包括墙壁、顶棚）饲具等的粪便、污物、灰尘用清洗机彻底冲刷干净，同时将地下排污道处理干净。圈舍冲洗干净后对圈舍及设施采用火焰喷灯、熏蒸等多种方法反复消毒，每次消毒间隔 12～24 h。为提高消毒效果，每次消毒应更换消毒剂种类，消毒完毕后关闭门窗待干燥后进猪。

（4）接收妊娠母猪，妊娠母猪应彻底清洗消毒干净，在产前 5～7 d 转入经空舍消毒好的产房。

第三节　保育舍饲养管理程序

仔猪断奶是出生后遭受的一次重大应激。第一是营养的改变，由食用含 20％干物质的液态母乳改为采食含 90％左右干物质的配合日粮。第二是环境的变化，由产房转入了保育舍，有时并伴随着重新组群而引起咬斗。第三是离开母猪造成仔猪的不适应。第四是由于仔猪免疫系统发育不够完善，易受各种病原微生物的侵害而易患病等，由于诸多因素的影响使仔猪生长发育受阻，因此加强断奶仔猪的饲养管理是养猪生产中又一重要环节。

41

一、进猪前的准备工作

进猪前的准备工作是一项细致的工作,目的是为断奶仔猪提供一个清洁、舒适、安全的生长环境,尽量减少各种因素对仔猪的应激。

(一)圈舍的冲洗与消毒

保育舍采用全进全出生产方式,每单元猪舍保育结束后,空栏1周,进行彻底冲洗消毒,先将舍内外及设施(包括墙壁、顶棚)饲具等的粪便、污物、灰尘用清洗机彻底冲刷干净,同时将地下排污道处理干净,并结合冲圈进行灭蝇和灭寄生虫工作,并要注意节约用水。圈舍冲洗干净后对圈舍及设施采用喷雾、熏蒸等多种方法反复消毒,每次消毒间隔12~24 h,为提高消毒效果,每次消毒应更换消毒剂种类,消毒完毕后关闭门窗待干燥后进猪(图4-13)。

图4-13　消毒过的产床

(二)预热猪舍准备进猪

当保育舍的温度达不到要求时,应预热猪舍。即在进猪前一天启动加热设施预热猪舍,并将洗刷干净的灯泡灯罩安装调试好,21 d断奶应使舍内温度达到28 ℃。

二、断奶仔猪的转群及饲养管理

将 3～5 周龄早期断奶的哺乳仔猪转入保育舍饲养至 70 日龄。仔猪断奶时应进行称重，以获得断奶重及断奶窝重。

(一)转群

仔猪转入保育舍后根据仔猪性别、个体大小、体质强弱等适当进行调群。采用保育床饲养可每栏 10～12 头，占栏面积 0.3 m² /头，能以原窝为一栏则更好，以减少争斗引起的应激；地板饲养可每圈 23～25 头，占地面积 0.4 m² /头。同群体重相差不超过 0.5 kg，弱仔分在一群需精心护理。转群及称重时抓猪动作要温和，以减少应激。

(二)饲养管理

喂料：仔猪转入保育舍后的前 5 d 适当限制饲喂，防止仔猪因过食而引起腹泻。这个时期饲料应遵循少喂勤添的原则，一般断奶后 3 d 内采食较少，3 d 后猛增，这时注意限饲，以每天 300 g/头为宜。1 周后过食现象消失，可采用自由采食的方式。饲料及更换程序：仔猪转入保育舍后 2 周内继续饲喂乳猪料，第 3 周逐渐改喂断奶仔猪饲料直至保育结束。为减少饲料更换给仔猪带来的应激，每次换料采用 4～5 d 的更换期(每天的更换率 20％～25％)。保育期仔猪较好的增重和耗料标准见表 4-1。

表 4-1　保育仔猪体重和耗料标准表

体重范围	耗料	日增重	料比	天数
6～22 kg	23.5 kg	448 g	1：1.49	36 d

饮水：调整好饮水器高度，给仔猪充足清洁的饮水，在饮水中添加抗应激剂(如：电解多维、补液盐等)以缓解断奶应激对仔猪的影响，这一时期严防仔猪脱水，如失水 10％就出现反常，失水 20％就会危及生命。群体较大的每栏至少有 2 个饮水点，保证每 10 头仔猪一个；饮水器不够可用水槽代替。同时每天要检查饮水器的出水情况，对损坏的要及时更换，其出水压力不应过大。仔猪饮水器与地面高度见表 4-2。

表 4-2　仔猪饮水器与地面高度标准表

仔猪体重/kg	饮水器与地面高度/mm
≤5	100～130
5～15	130～300
15～35	300～460

(三)环境的调控

温度:仔猪喜热怕冷,对环境温度的变化反应敏感,保育舍采用暖气、热风炉、火炉等设施供温,外加红外线灯于仔猪躺卧处局部供温。21日龄断奶仔猪转入保育舍后的前两周温度控制在 28 ℃,第三、四周控制在 28~25 ℃,以后随日龄的增长和仔猪抵抗力的增强逐渐降低环境温度,保育后期控制在 25~22 ℃。

室内温度控制措施:随着猪只的生长逐渐升高红外线灯的高度,同时撤去或关掉部分红外线灯以降低局部小环境的温度;为逐渐降低猪舍温度,可逐渐停掉供热源,并适时通风换气。总之,以猪只躺卧自然不挤堆,呼吸均匀自然为准(图 4-14)。

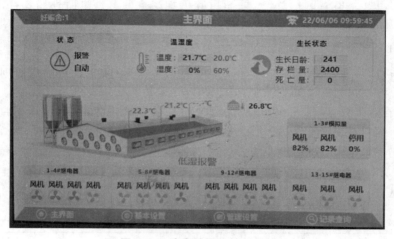

图 4-14　猪舍温湿度控制系统

一年四季外界气温的变化幅度很大,外界气温对猪舍内温度的影响也最大。夏季做好防暑降温工作,防止高温高湿的出现;冬季做好保温工作,防止贼风直吹猪体,同时协调好保温与通风的关系;春秋季节,防止舍温的骤升骤降。

湿度:保育舍内相对湿度控制在 60%~70%,湿度过低(低于 40%)时,通过向地面洒水提高舍内湿度,防止灰尘飞扬。偏高时应严格控制洒水量,减少供水系统的漏水,及时清扫舍内粪尿;保持舍内良好通风以降低舍内湿度。

空气质量的调控:适时通风换气以降低有害气体、粉尘及微生物的含量。及时清理粪尿以减少 NH_3(0.02 mg/L 以下)和 H_2S(0.15 mg/L 以下)等气体产生。保持舍内湿度适宜。抛洒在地面上的粉料及时清除。

噪声:尽量减少各种突然噪声,防止仔猪惊群。开关门和走路要轻,闲杂人员不得入舍,以免引起惊群。

44

(四)日常管理

1. 观察猪群状况 仔细观察猪只的采食情况、精神状况、呼吸状态和叫声是否正常,有无咬尾现象。观察猪群粪便,有无腹泻、便秘或消化不良等疾病。检查舍内环境状况,温度、湿度是否正常,如果有波动应及时调控使之符合仔猪的生长发育需要,并鉴别舍内是否有刺鼻或刺眼的气味。

2. 搞好弱仔的处理和康复

(1)及时隔离。在大群内发现弱仔及时调出放入弱仔栏内。

(2)提高局部温度。将弱仔栏靠近热源,并加红外线灯供温。

(3)补充营养。在湿拌料中加入乳清粉、电解多维,在小料槽饮水中加入口服补液盐,对于腹泻仔猪可加入痢菌净等抗菌药物,以促其体质的恢复。

3. 减少饲料浪费 每天检查料槽是否供料正常,及时维修破损料槽,防止饲料的浪费及变质,及时清理发霉变质或被粪尿污染的饲料。

4. 仔猪的调教 根据猪有定点采食、排粪尿、睡觉的习性,调教仔猪使仔猪在靠近料槽一侧躺卧,靠近饮水器一侧排泄。

5. 预防仔猪腹泻 断乳仔猪由于受到各种应激的影响,仔猪免疫系统发育尚不完善,易造成仔猪消化性腹泻和病原性腹泻,发生腹泻应及时隔离治疗,严防脱水。

每日做好记录工作,如猪群的变动、温湿度、饲料消耗量、疫苗注射、死亡、特殊事件等。

(五)保育结束后转群

提前 3 d 通知育肥舍。提前 1 d 在饮水中加抗应激药物。一般最好原栏猪群赶到肥育舍。避免不良天气(雨、雪、风)转群。保育舍实行全进全出。

第四节 生长育肥舍饲养管理程序

一、新转入仔猪的饲养管理

转入前圈舍需充分消毒,工作人员换上干净衣服,日常用具消毒处理,在饮水中添加抗应激药物。转入时,舍温与保育舍相近,避免昼夜温差过大。由原保育舍猪转到育成舍应尽量保持原栏饲养。剔出生病、受伤及异常猪只,对症治疗,以免延误治疗时间,形成僵猪或死亡。对于常发性疾病,如个别表现咳嗽、下痢等临床症状者,应及时治疗,必要时舍内整个猪群可在饮水或饲料中加药进行控制治疗。饮水及饲料中添加药物应注意剂量准确、搅拌均匀、溶解完全。

仔猪的调教:根据猪有定点采食、排粪尿、睡觉的习性。调教仔猪在靠近料槽一侧躺卧,在靠近饮水器一侧排泄,并保持温度适宜、干燥。排泄区粪便暂不清扫,将躺卧区粪便清理到排泄区并保持躺卧区清洁卫生,诱导仔猪到排泄区排泄。

二、生长育肥猪的饲养管理

观察猪群:育成猪舍存栏猪数量较大,个体各有不同,所以细致观察每头猪的日常活动,便于及时发现猪只异常。猪群安静时,听呼吸有无异常,如喘、咳等;当把猪全部哄起时,听咳嗽判断是否有深部咳嗽现象。及时处理死亡及生病猪只。观察有无咬尾现象发生,采食有无异常,如呕吐、采食量下降等。育成舍自由采食,无法确定猪只是否停食,可根据每头猪只精神状况,判断猪只健康状况(图4-15)。

图 4-15 观察大圈猪只健康状况

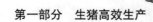

饮水：随时检查饮水器是否畅通，若饮水中加药，观察猪只是否因味苦而拒绝饮水，为提高适口性，可适量加入糖精等。

排粪：观察粪便有无异常，下痢或便秘时找出原因对症治疗。

通风、换气、防寒、防暑：及时排出舍内污浊气体，保证空气质量，可降低许多疾病感染及发病的概率，如呼吸道疾病、链球菌感染等。为协调通风与保温关系，育成舍采取开窗与开排气扇相结合方法，如春秋季节温度适中，以开窗为主。冬季舍内气温较低，以开排气扇为主，开窗为辅，做到勤开勤关适时通风；夏季外界温度较高时，可关闭门窗由排气扇排气形成纵向负压通风，结合喷水等降温措施，防止猪中暑及采食下降等。总之，要做好通风、换气、防寒、防暑工作，给猪提供一个空气清新的舍内环境。

饲喂及饲料更换：育成舍使用自由采食料槽，可一次性加足新鲜饲料，应准确掌握猪只总采食量，加料时根据余料情况，添加后在保证猪吃饱的同时料槽中无太多剩余饲料，或定期空出料槽，让猪只全部吃完以便检查料仓是否堵塞及损坏。冬季可1周清槽一次，夏季应做到每天一清。

猪群变动：认真记录好猪群变动情况，如转出，转入，死亡，淘汰，出售等相关数据。

三、日常管理程序

(1)生长肥育猪可采取自由采食的方式，以提高增重速度。为了获得较好的胴体瘦肉率，可在肥育后期体重达80 kg左右时，控制日粮喂量(85％～90％)，以减少皮下脂肪沉积。采用限饲方法，每日2～3次，干喂或湿拌料饲喂，自动饮水器饮水。

(2)肥育猪按体重大小强弱分栏饲养，每栏10～16头，每头占栏面积1.0～1.2 m²。分群后进行定位调教，使之建立起有益的条件反射。

(3)夏天注意防暑降温，冬天注意防寒保暖，适宜温度为18～23 ℃，相对湿度50％～70％。夏天可采取种树、爬蔓植物、遮阳网等遮阳，喷雾降温；冬天舍内可铺设垫草，敞开式猪舍可采用大棚暖圈等技术。猪群密度较大，应多开窗或排风扇通风，保证饮水及饲喂正常。温度过高时注意降温，减缓猪只热应激危害(图4-16)。

(4)密切注意咬尾现象发生，一有发生及时调出隔离治疗。标识出攻击猪只，剪掉门齿以防咬伤其他猪只。若咬尾头数较多时，采取个体差异不大猪只进行混群，或分散猪只注意力，如悬挂"玩具"等物品让猪只啃咬。

47

图 4-16　夏季猪舍喷雾降温

第五章 规模化猪场卫生防疫制度

第一节 卫生防疫设施

1. 猪场四周围有围墙或防疫沟,并有绿化隔离带。猪场大门入口处设车辆强制消毒设施(图 5-1)。

图 5-1 猪场门口设置消毒池、车辆喷雾消毒设备

2. 生产区应与管理区严格分开,管理区大门入口必须设消毒池,消毒池应与门同宽,长等于大型机动车车轮的一周半,大门平时关闭。在生产区入口处必须设洗澡消毒间,内设更衣间(放生产区外穿用的衣、鞋及物品)、淋浴间、更衣间(放生产区内穿用的衣、鞋)。生产区每栋猪舍入口必须设消毒池或消毒盆,供进入人员消毒。

3. 管理区、生产区应分别配备消毒设施,如高压喷雾器等。分娩舍和仔猪培育舍应配备火焰喷灯,对产床和仔培床应进行火燃消毒。

4. 每月进行一次水质检查,蓄水池每周投放一次漂白粉,用量为 $8\sim10\ g/m^3$。

5. 猪舍设计和建造最好不留有飞鸟或动物进入的方便之处,所有开口处都用铁丝网封闭,以便于环境控制。猪舍地面和基础应为混凝土结构,防止鼠类动物打洞进入猪舍,并便于清洗和消毒。开放式猪舍设防护网。

6. 猪舍周围地面要进行平整和清理,以减少和杀灭猪舍周围的病原微生物,便于进行经常性的清洗和消毒,保持环境卫生。

7. 饲料加工设在生产管理区,加工后的成品饲料库内应设通向生产区的入口,场外饲料车不允许进入生产区。

8. 装猪台设置在生产区离育肥猪舍近的围墙处,车辆只能在场外装猪,不得驶入场内。场内车辆做到专车专用,不能驶出场外作业,如遇特殊情况,车辆必须经彻底严格消毒后才准驶入生产区。

第二节　卫生防疫制度

1. 严格控制外来人员参观猪场,必要时须经场长许可。任何人员进入猪场生产区必须洗澡和更换生产区的工作服、工作鞋,个人衣物必须全部放在生产区以外,并遵守场内一切防疫制度。

2. 猪场严禁饲养禽、犬、猫及其他动物,猪场食堂不准外购猪肉及其制品。生产区内不准带入可能染疫畜产品或其他物品,凡进入生产区的物品必须严格消毒。场内兽医人员不准对外诊疗猪只和其他动物疫病,配种人员不得对外开展猪的配种工作。

3. 生产区外的车辆严禁进入生产区,运送饲料和物品的车辆必须固定专车,并只能停放在生产区外,司机不能养猪和进入其他猪场。所有运送待宰猪、淘汰猪、种猪的车辆只能经严格冲洗消毒后停放在装猪台外(包括司机),并避免其直接或间接与装猪台接触,每次装卸完后立即将所有污物,包括生产区内赶猪设施彻底冲洗消毒,并将污水排出场外。猪一旦出场不得返回。

4. 场内饲养人员要坚守岗位,不得串舍,要随时观察猪群情况,发现异常及时报告。

5. 猪舍每天打扫 1～2 次和定期消毒,每栋猪舍的设备和物品应固定使用,舍内用具不准带到舍外或借给其他猪舍使用,防止交叉污染。猪舍物品进出实行"单向制",凡是猪舍排除物品,均经污物通道运出,不得倒行。猪舍间的转运车辆不准进入猪舍,每次用完后必须清洗消毒。

6. 病死猪不准在生产区内解剖,应用不漏水的专用车运到隔离舍或诊断室。猪只及其产品出场,须经县以上防疫检疫机构或其委托单位出具的检疫证明,出售种猪应进行疫病检测并出具免疫证明。

第三节　消毒措施

51

消毒包括大环境消毒、带猪消毒、全进全出空栏消毒、手术、阉割、断尾的消毒以及兽医防疫人员进出猪舍消毒和器械消毒等。

一、大环境消毒

主要指场内的交通要道、大小路径和圈前圈后的消毒,可利用 2% 的火碱或 0.2%～0.3% 的过氧乙酸进行高压喷雾消毒,正常情况下每月消毒 2 次(图 5-2)。

二、消毒池的消毒

猪场的各类消毒池统一用 2%～3% 的火碱水,每隔 3～4 d 更换一次,但要始终保持池内有适量的消毒液。另外种猪群为防蹄病,消毒池内也可使用 1∶800 的消毒威,或者二者交替使用。出入猪舍的人员必须经消毒池进行鞋底消毒。

三、全进全出空栏消毒

1. 首先,要彻底清除栏圈内的一切

图 5-2　定期猪舍环境消毒

粪尿、污水和杂物。

2. 用高压喷水枪从上至下彻底冲洗顶棚、墙壁、地面及栏架等(图 5-3)。

3. 待干燥后用过氧乙酸或甲醛熏蒸或用 2%～3% 的火碱水彻底冲洗。经过 10～12 h 后,再用清水彻底冲洗栏圈地面。待干燥后,再用 0.2%～0.3% 过氧乙酸或 1∶800 消毒威喷雾消毒。

图 5-3　猪舍内设备清洗消毒

四、带猪消毒

种猪、后备猪可每周消毒 1 次;产仔舍可每周消毒 1～2 次;育成舍可每周消毒 1～2 次;育肥舍可每周消毒 1 次。如果发生疫情,消毒次数可适当增多(图 5-4)。

以上各类猪群的消毒可利用 1∶2 000 消毒威或 1∶600 百菌消,也可利用 0.1% 的过氧乙酸进行喷雾消毒。各种消毒药品应定期更换,交替使用。

图 5-4　猪舍内带猪消毒

五、手术、阉割、断尾消毒

1. 手术部位首先要用清水洗净擦干,然后涂以 3% 的碘酊,待干后再用 70%～75% 的酒精消毒,待酒精干后方可实施手术,术后创口再涂 3% 碘酊。

2. 阉割时,切口部位要用 70%～75% 酒精消毒,待干燥后方可施行阉割,结束后刀口处再涂以 3% 碘酊。

3. 断尾时,尾巴断端要涂以 3% 碘酊(图 5-5)。

图 5-5 仔猪断尾后

六、器械消毒

手术刀、手术剪、缝合针、缝合线可用煮沸消毒,也可用 0.1％新洁尔灭浸泡消毒或者用 70％～75％的酒精消毒。注射器、针头必须煮沸消毒。

七、兽医防疫人员出入猪舍消毒

1. 兽医防疫人员进入猪舍前,必须在消毒池内进行鞋底消毒,在消毒盆内洗手消毒(消毒液为 1∶1 200 消毒威或 1∶300 百毒杀)。

2. 出舍时要在消毒盆内洗手消毒。

3. 兽医防疫人员在一栋猪舍工作完毕后,要用浸泡的纱布擦洗注射器和提药盒的周围,进行鞋底消毒后方可进入另一栋猪舍。

第二部分

非洲猪瘟基础知识

第六章 非洲猪瘟概述

非洲猪瘟（African swine fever virus，ASFV）是由非洲猪瘟病毒感染家猪和各种野猪（如非洲野猪、欧洲野猪等）而引起的一种急性、出血性、烈性传染病。该病对养猪业危害甚大，有着重要的社会经济学意义，世界动物卫生组织（OIE）将其列为法定报告动物疫病，该病也是我国重点防范的一类动物疫情。其特征是发病过程短，最急性和急性感染死亡率高达 100%，临床表现为发热（达 40～42 ℃），心跳加快，呼吸困难，部分咳嗽，眼、鼻有浆液性或黏液性脓性分泌物，皮肤发绀，淋巴结、肾、胃肠黏膜明显出血，非洲猪瘟临床症状与猪瘟症状相似，只能依靠实验室监测确诊。2018 年 8 月 3 日，我国确诊首例非洲猪瘟疫情。

第一节 非洲猪瘟的起源

非洲猪瘟起源于非洲，1921 年非洲猪瘟在肯尼亚被首次报道。1909—1915 年非洲东部肯尼亚地区暴发家猪疫情，病毒学家 Montgomery 对其进行了系统的描述，并初步探究了病毒性质。他认为该病毒是猪瘟病毒的变异株，虽然随着对该病毒研究的不断深入，发现这一认知是错误的，但是他指出了野猪在该病毒传播中可能的作用。非洲猪瘟在蜱虫体内可长时间存活。

第二节 非洲猪瘟的传播

一、在非洲的传播情况

研究发现，非洲猪瘟于 1921 年在非洲东部的肯尼亚被首次确认后，该病毒一直在东非地区保持着丛林传播循环，当地自由放养的饲养模式，造成了非洲猪瘟的反复暴发，疣猪和生活在洞穴的钝缘软蜱可携带病毒。随后，该病很快传播到了非洲撒哈拉沙漠以南的一些地区。1933—1934年，南非暴发非洲猪瘟。此后，安哥拉、赞比亚、莫桑比克、博茨瓦纳连续报道了有疫情发生。1989年，马拉维首次报道暴发了非洲猪瘟。1997年，非洲猪瘟传入马达加斯加，从此，印度洋岛屿没有非洲猪瘟的历史被改写。2007年，毛里求斯暴发了非洲猪瘟疫情。

自1958年开始，非洲猪瘟开始在非洲中部和西部流行，塞内加尔、冈比亚、佛得角和几内亚比绍也一直有非洲猪瘟的流行。1973年，尼日利亚暴发非洲猪瘟疫情。1982年喀麦隆养猪数量翻倍后，就经历了非洲猪瘟的首次入侵，此后非洲猪瘟一直在该国流行。1996年科特迪瓦经历了第一次非洲猪瘟的暴发，这标志着非洲猪瘟西非大流行的开始。随后，贝宁、多哥、加纳和布基纳法索等国家发生疫情，除科特迪瓦实现扑灭之外，大多数国家已经呈地方性流行。

非洲猪瘟病毒的24个基因型在非洲均有分布，其中基因Ⅰ型主要分布在西非。据报道1959年塞内加尔（西非西部）有非洲猪瘟疫情确诊[1]。1973年，尼日利亚（西非东南部）可能也发现过非洲猪瘟疑似病例（未官方确认），但直到1997年官方才正式确认本地存在非洲猪瘟[2]。1982年，喀麦隆（非洲中西部）也报道有基因Ⅰ型毒株流行[3]。但西非的基因Ⅰ型毒株流行蔓延主要开始于1996年，由科特迪瓦共和国开始逐步扩散传播至贝宁、佛得角（1996—1999年）、多哥、尼日利亚（1997年）、塞内加尔（1996—1999年，2001年和2002年）、加纳（1999年）、冈比亚（1997年和2000年）、布基纳法索（2003年），直至传入马里（2016年）[4-7]。此外，基因Ⅰ型毒株在刚果（金）（非洲中部，1967年）、安哥拉（非洲西南部，1972年）、姆库兹（南非，1979年）、纳米比亚（非洲西南部，1980年）、赞比亚（非洲中南部，1983年）[8]和津巴布韦（非洲东南部，1990年）等国家也有分离报道[5,9]。

二、在欧洲的传播情况

1957年，葡萄牙一养猪场因采用航空公司的航班废弃物喂猪而引发当地非洲猪瘟，从而开启了该病在非洲之外的国家传播的历史。虽然疫情很快被扑灭，但是1960年，非洲猪瘟疫情又在葡萄牙暴发，并在亚平宁半岛广泛流行。此后，欧洲的其他国家开始陆续报道非洲猪瘟疫情，如西班牙（1960年）、法国（1964年、1967年和1977年）、意大利（1967年和1980年）、马耳他（1978年）、比利时（1985年）和荷兰（1986年）。这些国家除意大利的撒丁岛之外，均已宣布根除了非洲猪瘟。

2007年，非洲猪瘟进入格鲁吉亚，为基因Ⅱ型。这表明非洲猪瘟进一步跨洲传播到了欧亚接壤的高加索地区。非洲猪瘟在格鲁吉亚迅速蔓延，并波及亚美尼亚（2007年）、阿塞拜疆（2008年）。2007年，非洲猪瘟传入了俄罗斯，并向西传播到了乌克兰（2012年）、白俄罗斯（2013年）。2014年，非洲猪瘟从俄罗斯进一步扩散到了欧盟国家(立陶宛、波兰、爱沙尼亚、拉脱维亚)。2016 年,非洲猪瘟在乌克兰不断向西南方向扩散,传入摩尔多瓦。2017 年,非洲猪瘟进入捷克和罗马尼亚。2018 年再次传入西欧(比利时)并于 2020 年传入德国。

三、在南美洲和加勒比地区的传播情况

1971 年,古巴成为加勒比地区第一个报道当地暴发非洲猪瘟的国家。经过溯源发现,疫情是由西班牙传入古巴的(基因 I 型)。之后,疫情迅速扩散到了多米尼加(1978 年)、巴西(1978 年)、海地(1979 年)等国。上述国家通过多种策略最终短时间内成功消灭该病。但 2021 年,基因 II 型非洲猪瘟再次传入多米尼加和海地,导致该地区时隔近 40 年后再次成为非洲猪瘟疫区,并加剧非洲猪瘟病毒可能在美洲国家传播的担忧。

四、在亚洲和大洋洲地区的传播情况

2018 年 8 月,我国首次发现非洲猪瘟。经序列分析,病毒基因型为基因 II 型,与自 2007 年开始在俄罗斯和东欧流行的毒株属于同一分支。之后,蒙古(2019年)、越南(2019 年)、柬埔寨(2019 年)、朝鲜(2019 年)、菲律宾(2019 年)、老挝(2019 年)、韩国(2019 年)、缅甸(2019 年)、印度尼西亚(2019 年)、东帝汶(2019年)、印度(2020 年)和巴布亚新几内亚(2020 年)等国家相继发生疫情,损失严重。

第三节　非洲猪瘟的流行特征

一、非洲猪瘟可通过软蜱、家猪和野猪之间相互传播

ASFV 是唯一一种虫媒传播的 DNA 病毒,可同时在脊椎动物和无脊椎动物中复制,主要流行于包括野猪和蜱类在内的野生感染圈和家猪和/或蜱形成的家养感染圈。疣猪、薮猪、巨林猪、欧洲野猪、美洲野猪以及软蜱动物均是该病的易感动物,这些野生动物多是 ASF 的重要传染源。ASF 在野生感染圈中呈地方流行性的国家主要有肯尼亚、纳米比亚、博茨瓦纳、津巴布韦、南非北部地区以及最近的高加索地区。除野生感染圈之外,病死猪和亚临床症状感染带毒的猪群,尤其是携带温和型 ASFV 的家猪,也是该病的主要传染源。在家养感染圈中流行的国家主要包括安哥拉、刚果(金)、乌干达、赞比亚、马拉维和莫桑比克北部地区,同时刚果(布)、卢旺达、布隆迪和坦桑尼亚等国家也以家猪中的流行为主。

二、非洲猪瘟可因养殖体系的差异而在区域内快速传播

在 ASF 疫区,疫病的流行水平与家猪的放养、活动范围以及生物安全措施的执行与否有着密切的关联。在非洲,家猪的饲养和销售模式以散养和私下贩卖为主,直接导致疫病经常发生远距离传播。如在刚果民主共和国 ASF 就曾沿着河道发生传播。而在马达加斯加和塞内加尔,商人在不同的村庄经营活动,收集家猪后运到活畜屠宰市场销售,家猪的这种聚集和调运模式显著增加了疫病传播的概率。特别是在乡村地区,其屠宰设备非常简陋、污物排放缺乏管理,其他动物会直接饲入这些废弃物,增加了感染的概率。同时,由于放养户缺乏对 ASF 及其传播的认识,也增加了传播的风险。值得一提的是,在一些国家如马达加斯加,养殖者一旦发现 ASF 可能传入猪群,往往迅速售出猪只,如此进一步增加了疫病在养殖地区的存在和传播。

三、非洲猪瘟可通过动物制品远距离传播

随着疫病在非洲大陆的持续发生和人员、动物及其制品在全球流动的日益频繁,跨越大陆的洲际传播也时有发生。2007 年 ASF 传入了格鲁吉亚,并在高加索地区广泛传播,ASF 在全球的广泛传播再次引起各国政府和公众对该病的恐慌。

四、非洲猪瘟可通过泔水传播

泔水成分复杂,大多数情况下都包含各类猪肉制品及生鲜猪肉残渣。研究已经证实,ASFV 在猪肉制品及内脏中可以存活较长时间,如可以在 22～27 ℃环境中的盐渍猪肉中存活 16 d,在冷藏猪肉中存活 100 d 以上,在咸(腌)干肉中存活 140 d,在冷藏骨髓中存活 180 d,在冷藏脾脏中存活 204 d[10]。而且,ASFV 对食物加工处理的抵抗力较强,同时,泔水中蛋白、脂肪含量较高,有机营养成分众多,这些因素给 ASFV 提供了一个较稳定的存活环境。泔水价格低廉,使用泔水饲喂家猪可以大幅降低养殖成本。但需要对泔水进行熟化处理方可作为饲料。如果含有 ASFV 的猪肉成为泔水后,其中病毒未能被灭活完全,通过饲喂会造成猪群感染,导致非洲猪瘟流行和传播。

第四节 非洲猪瘟病毒疫苗研究进展

一、灭活疫苗

灭活疫苗作为最经典的疫苗研制方式,在非洲猪瘟发现之后即已开始研发,但早期落后的灭活工艺无法取得满意的制苗效果。20世纪60年代后的研究也证实ASF灭活疫苗作用微弱[11,12]或仅在某些病例中发挥部分保护作用。由于灭活疫苗自身固有的缺陷-很难刺激先天免疫系统诱导产生高水平的细胞免疫,而随着ASF研究的不断深入,科学家逐渐认识到细胞免疫对于ASFV感染的重要作用,但最新的研究结果证实,即使使用最新的佐剂,如Polygen™或Emulsigen®-D等,ASF灭活疫苗仍无法达到有效保护的目的[13]。

二、弱毒疫苗

61

早在1957年,科学家即认识到感染了低毒力存活下来的猪可以抵御同基因型强毒株的攻击[14]。随后,在20世纪60年代,大量的试验证实ASFV经细胞多次传代培养后可以使其毒力下降[15-20],接种家猪不再产生致死性感染,这使得人们相信制备ASF弱毒疫苗的可能性很大。1963年,Manso-Ribeiro等证实通过猪骨髓细胞传代致弱的ASF弱毒疫苗可以抵御强毒株攻击[16]。此弱毒疫苗随后在葡萄牙和西班牙进行田间试验,但却造成了非灾难性的后果。免疫后的许多猪出现了肺炎,运动障碍,皮肤溃疡,流产和死亡等疫苗免疫副作用。虽然ASF弱毒疫苗的第一次田间试验不顺利,但是关于此方向的研究仍在继续。

通过自然筛选或细胞传代致弱技术,Ruiz-Gonzalvo F 等(1981,1986)[21,22],Leitao 等(2001)[23],Boinas 等(2004)[24]和King等(2011)[25]均证实ASF弱毒疫苗可以抵御强毒株的攻击。此外,运用同源重组方法,通过敲除毒力基因或免疫抑制、免疫逃避相关基因的一个或多个基因,也被大量应用研究。如美国农业部外来病研究中心已敲除UK基因[27],MGF 360/505基因[28],MGF 360/505+9GL[29],9GL基因[34],9GL+CD2v[35],I177L基因[37]等众多基因和组合。

三、亚单位疫苗

有研究已将P30、P54和P72编码的结构蛋白进行了验证,但仅能延缓临床症状出现时间和降低病毒血症水平。其他研究也有增加血凝素蛋白或人工合成肽段

等,但都不能产生满意保护水平。面对非洲猪瘟病毒众多抗原结构蛋白和复杂免疫刺激过程,单纯依靠一个或几个蛋白很难达到免疫预防效果。

四、DNA 疫苗

有研究已将 ASFV P30、P54、血凝素蛋白基因和泛素基因共同组装以及通过表达文库筛选构建的 4 029 个表达质粒均只能取得部分保护。

五、活载体疫苗

2019 年,有报道称,利用腺病毒为载体的"鸡尾酒疗法",不能抵御强毒株的鼻内接种。2020 年的最新研究显示,英国 Pirbright 研究所表达的 8 个基因双载体免疫策略能达到 100%的致死性保护,但所有接种猪出现体温升高等临床副反应。

第七章　病原与流行病学

第一节　病原

非洲猪瘟病毒为有囊膜的双链脱氧核糖核酸（DNA）病毒，是非洲猪瘟病毒科（Asfarviridae）非洲猪瘟病毒属（*Asfivirus*）的唯一成员，也是迄今发现的唯一DNA虫媒病毒。

一、非洲猪瘟病毒的形态结构及分类

（一）形态结构

非洲猪瘟病毒粒子呈二十面体对称结构，由内至外分别是基因组、核心壳层、双层内膜、衣壳和外膜。病毒颗粒平均直径为 260～300 nm，衣壳最大直径为250 nm，第三层的脂质双层膜包裹着直径 180 nm 的核壳（第二层），这三层遵循衣壳二十面体轮廓形态。衣壳（第四层）由 17 280 个蛋白质［包括 1 个主要蛋白质（p72）和 4 个次要蛋白质（M1249L、p17、p49 和 H240R）］构成（图 7-1）。

（二）基因组结构

非洲猪瘟病毒基因组为线性双链 DNA 分子，大小在 170～190 kb，有 150～167 个开放阅读框，可编码150～200 种蛋白质。基因组包含一个 125 kb 的保守中心区和两个由串联重复序列和多基因家族（multigene families，MGF）构成的可变末端区，MGF 基因拷贝数的增减可导致不同毒株的基因组大小不同。非洲猪瘟病毒基因组庞大，除不同毒株间的差异之外，同一毒株的培养代次不同也可导致基因突变的发生，这主要是因为该病毒组可随意缺失或获得重复序列。

（三）病毒分类

非洲猪瘟病毒 B646L 基因高度保守，编码主要结构蛋白 p72，是常用的基因分型片段，根据序列特点，目前已确认了 24 个基因型，不同基因型的非洲猪瘟病毒毒

图 7-1　非洲猪瘟病毒结构示意图

株分布有一定的区域性特点。我国首次发现的 SY18 株为基因Ⅱ型。

非洲猪瘟病毒通常认为仅有一个血清型,但最近的研究报道发现,基于红细胞吸附抑制实验(HAI)可将 32 个毒株分成 8 个血清组。非洲猪瘟病毒具有高度抗原多样性,感染后的猪很难获得对异源毒株的保护力。

(四)主要蛋白质及功能

病毒主要由蛋白质和核酸组成,病毒的大多数功能由蛋白质直接行使。非洲猪瘟病毒目前已经明确的编码蛋白质约 50 个,可以分为以下 5 种。

(1)病毒主要结构蛋白,如 pp220、pp62、p72p54、p30、pB438L、p14.5 p104R、p10、CD2v 等。其中,p72、p30、p54 等常作为抗原蛋白,用于非洲猪瘟血清学诊断;p72 蛋白质序列高度保守,抗原性非常稳定,因此,常用于建立血清学检测方法和核酸检测方法[如实时荧光定量聚合酶链式反应(qPCR)和环介导等温扩增(LAMP)等];CD2v 可用于建立核酸检测方法,由于其具有良好的免疫原性,也可以作为非洲猪瘟病毒亚单位疫苗研发的抗原蛋白。

(2)病毒装配相关蛋白质,主要是 pB602L。

(3)核酸新陈代谢、DNA 复制和修复、mRNA 转录和加工等所需的酶及因子,如 dUTPase、泛素结合酶(UBC)、DNA 聚合酶、脱嘌呤/脱嘧啶(AP)核酸内切酶、pS273R 等。

(4)调节宿主细胞功能的蛋白质,如 pA238L、p54 IAP 及 Bcl-2 样凋亡抑制因子、ICP34.5、MGF360 和 MGF530、pEP153R 等。

(5)与病毒免疫逃避相关的蛋白质,如 pK205R、MGF360 和 MGF530。

二、非洲猪瘟病毒的理化特性

(一)在各种环境中的稳定性

非洲猪瘟病毒可以在血液、各种组织、分泌物和环境污染物中长期保持感染性。因为病毒在血液中含量较高,对外界抵抗力极强,所以含有非洲猪瘟病毒的血液是该病传播的重要因素。

非洲猪瘟病毒在动物产品中的耐受力较强,使用未经或未彻底煮熟、风干和含有未经高温处理的餐厨食材(猪肉)等混杂的泔水喂猪,存在传播非洲猪瘟病毒的潜在风险。

(二)对理化作用的抵抗力

非洲猪瘟病毒抵抗力顽强,在富含蛋白质的适宜环境下,可耐受较宽的酸碱度。

65

第二节　流行病学

非洲猪瘟是一种急性、高致死性的传染病。所有年龄和性别的猪都有可能感染。但是,非洲猪瘟的传播主要以直接接触为主,其传染性并不像一些呼吸系统传播疾病那样高。由于每个猪场的生产、管理和生物安全措施不同,疾病在猪之间传播的时间可能会从几天到几周不等。

自然感染的潜伏期差异很大,短的 4～8 d,最长的可达 15～19 d,OIE《陆生动物卫生法典》定为 15 d。临床表现从感染 7 d 内急性死亡,到持续几周或几个月的慢性感染不等。致死率取决于毒株的毒力、变化范围等。高毒力毒株的致死率可达 100%,且所有年龄的猪均易感。慢性型致死率可低于 20%,死亡主要发生在妊娠、幼年、有并发症或由于其他原因而抵抗力下降的猪群中。由于当地猪对病毒会产生抵抗力,所以,在一些非洲猪瘟流行地区,高毒力非洲猪瘟病毒株感染后猪的存活率也可能很高。

一、传染源

发病猪、带毒猪(康复猪和隐性感染猪)是非洲猪瘟的主要传染源,其中已康复猪和隐性感染猪可终生带毒。病猪的组织、体液、分泌物和排泄物中均含有病毒,因为非洲猪瘟病毒粒子具有双层内膜结构,对各种环境具有较强的抵抗能力,所以未经充分处理的病死猪及被污染的猪肉、猪肉制品等为非洲猪瘟的重要传染源。另外,被污染的饲料、泔水、饮用水、圈舍、车辆、器具、衣物等也可成为传染源。

二、传播途径

非洲猪瘟病毒的传播途径主要有直接传播、间接传播、生物媒介传播和气溶胶传播4种。

(一)直接传播

感染猪与易感猪直接接触是非洲猪瘟病毒最常见、最有效的传播途径。养殖场发生非洲猪瘟后,病毒传播速度与猪群饲养的密度、相互之间接触的概率呈正相关。易感猪与发病猪经鼻、口接触后极易发生感染,在直接接触的情况下,病毒在血液中出现之前已经可在鼻汁中被检测到。有实验证明,当将易感猪与感染猪直接接触1~9 d,可导致易感猪被感染,但若在接触之前加上围栏将其分开,阻挡其直接接触,感染时间为6~15 d,这说明直接接触是非洲猪瘟病毒传播的重要方式。

(二)间接传播

被感染猪的血液、各种组织和排泄物均含有大量病毒,可造成饲料、饮水、泔水、衣物、车辆、工具、人员等被污染,并通过此种方式造成非洲猪瘟病毒间接传播。我国非洲猪瘟疫情的发生呈现了跨度大、传播快的特点,主要传播途径就是通过携带病毒的人员、车辆及生猪调运等原因造成的间接传播。因此,对生猪贩运人员和车辆进行严格消毒,严厉打击生猪非法贩运活动,是阻止非洲猪瘟病毒远距离传播的重要方法。

(三)生物媒介传播

非洲猪瘟病毒在非洲野猪种群中的传播主要依赖于寄生在疣猪体表的软蜱。非洲猪瘟病毒可以在软蜱体内存活,感染非洲猪瘟病毒的软蜱叮咬疣猪后,可发生虫媒传播。

(四)气溶胶传播

经研究证实,即使感染猪与易感猪并未发生直接接触,非洲猪瘟病毒也可通过短距离的气溶胶传播,但传播距离不超过2 m。

三、传播方式

非洲猪瘟病毒在野猪之间、野猪与家猪之间以及在家猪之间的传播各有特点,主要有3种传播方式(图7-2)。

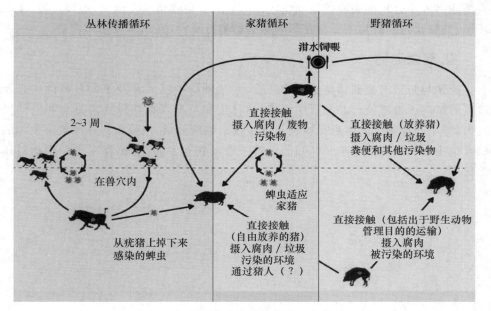

图 7-2　非洲猪瘟病毒传播的三个循环

(一)丛林传播循环

丛林传播循环是指非洲猪瘟病毒的天然宿主软蜱和疣猪之间的循环,主要存在于非洲南部和东部。非洲钝缘软蜱常寄居于疣猪洞穴中,软蜱是通过吸取感染了非洲猪瘟病毒的疣猪的血液,来实现病毒循环的。软蜱感染非洲猪瘟病毒后可持续保持感染性,感染的软蜱在该病长期存在过程中扮演重要角色。疣猪在迁移时也可将身上寄生的软蜱带到其他地区,从而导致非洲猪瘟的远距离传播。

(二)家猪循环

一旦家猪感染非洲猪瘟病毒后,非洲猪瘟会迅速传播流行。在非洲,很多猪群采取了自由放养方式饲养,这大大增加了病毒传播的概率和范围。生猪贸易或转运、生物安全措施的缺失,是非洲猪瘟疫情扩散流行的主要原因。另外,人员和设备的流动、喂养污染的饲料、感染非洲猪瘟病毒的猪肉制品等都增加了疫病的传播风险。发病后紧急售卖猪只、盲目引进都可传播和引入病毒,加剧疫情的扩散。

(三)野猪循环

此传播方式主要指野猪之间的直接传播以及通过栖息地发生的间接传播。栖息地的污染主要包括:感染野猪或家猪尸体、以尸体为食动物间的相互扩散、猪场人员或猎人不合理的丢弃感染动物尸体等方式。在疫情暴发期间,地理位置、生态环境、气象状态和野猪的数量都影响该病的流行规模,且都与该循环有关。

四、易感动物

家猪与野猪对非洲猪瘟病毒均易感,家猪种群中各品种及不同日龄的猪以及改良野猪均可被感染。非洲野生疣猪、丛林猪和巨型森林猪对病毒具有一定的抵抗力,感染非洲猪瘟病毒后很少甚至不表现出临床症状,但可作为非洲猪瘟病毒的储存宿主。软蜱是病毒唯一已知的天然节肢动物宿主,起着储存宿主和生物载体的作用。

第八章 非洲猪瘟临床症状及实验室诊断

第一节 临床症状和剖检病变

非洲猪瘟的发病特征通常表现为猪发热、皮肤发绀和淋巴结、肾、胃肠黏膜明显出血,致死率非常高,在非洲猪瘟流行时,病死率可高达100%。

非洲猪瘟病毒感染的临床症状和剖检病变,取决于病毒致病力、暴露途径、猪的品种、健康程度、病毒感染剂量和该地区的流行状况等多种因素。根据病毒的毒力不同,非猪瘟病毒分为三个主要类别:高毒力毒株、中毒力毒株和低毒力毒株。

临床症状从特急性到无症状均有,剖检病变各不相同。高毒力的非洲猪瘟病毒会引发特急性和急性型症状,中等毒力毒株引发急性型和亚急性型症,低毒力毒株引发慢性型症状或表现无症状。

一、特急性型

发病猪只突然死亡,通常情况下,临床症状和器官病变都不明显。有时可见体温升高至41~42 ℃,出现呼吸急促、皮肤充血出血等临床症状,病猪死亡率可达100%。

二、急性型

潜伏期为4~6 d,临床表现以食欲减退、高热(40~41 ℃)为主,部分病猪、幼龄猪多以间歇热、白细胞减少、内脏出血(便血)、皮肤出血(尤以耳部、鼻部、腋窝、尾部、会阴部、腹股沟部、四肢末端等无毛或少毛处明显)和高死亡率为特征。流行开始多为急性发病,幸存者常终生带毒。

临床症状主要表现为发烧、厌食、嗜睡,身体虚弱而久卧不起,呼吸频率增加;耳朵、腹部和/或后腿上的蓝紫色部位出血(斑点状或伸展状);鼻腔和鼻腔分泌物;

胸部、腹部、会阴部、尾部和腿部皮肤松弛;便秘或腹泻,可能从黏液到血腥(黑便);呕吐;各阶段的怀孕母猪流产;鼻子/嘴巴流出血液泡沫,眼睛周围有排出物;尾巴周围的区域可能会被血腥粪便弄脏。

剖检病变主要为皮下出血;淋巴结水肿、肥大和完全出血性淋巴结(特别是胃肠道和肾脏);脾脏肿大。易碎,深红色至黑色,边缘圆润;肾脏瘀斑(斑点状出血);心脏中液体过多(心包中带有黄色液体),胸腔积液,腹水;心脏表面、膀胱和肾脏上有瘀点;肺部可能出现充血和瘀点,气管和支气管有泡沫,肺泡和间质性肺水肿严重;胃、小肠和大肠中有瘀点、瘀斑(较大的出血),有多余的凝血;出现肝脏充血和胆囊出血。

三、亚急性型

潜伏期为6～12 d,病猪体温升高,常有流产现象。病猪在出现症状后的6～10 d内死亡,死亡率可达60%～90%。主要特征为血小板、白细胞暂时减少和出现大量出血灶。

临床症状与急性型相似(通常不强烈)除血管变化更强烈之外,主要会出现内脏器官弥漫性出血和水肿;波动性发热,常伴有抑郁和食欲不振、跛行、关节积液肿胀和纤维性肿胀;呼吸困难和肺炎;流产。

剖检病变主要为腹水和心包积液;胆管壁和胆囊壁以及肾脏周围区域水肿和易碎的淋巴结;与急性型相比,肾出血更强烈且更广泛。

四、慢性型

慢性型非洲猪瘟的主要特征为呼吸困难,怀孕母猪流产和低死亡率。大部分猪都能康复,但终生带毒。

临床症状主要表现为轻微发烧(40～40.5 ℃),然后是轻度呼吸困难和中度至重度关节肿胀;皮肤变红区域变得僵硬和坏死。

慢性型非洲猪瘟以呼吸道、淋巴结和脾脏的眼观和组织学病变为主要特征,包括纤维素性心包炎、胸膜炎、胸膜粘连、肺炎和淋巴网状组织增生肥大等。

非洲猪瘟典型临床症状见图 8-1 至图 8-6,解剖典型病变见图 8-7 至图 8-21。

图 8-1 皮肤上有坏死灶

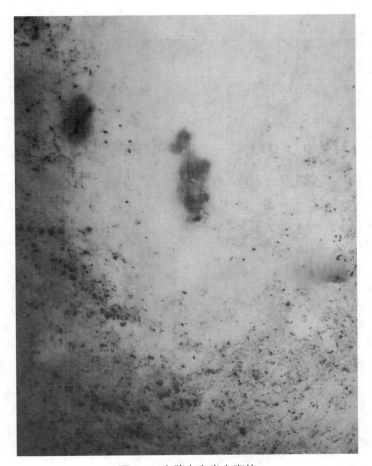

图 8-2 皮肤上有出血斑块

图 8-3 皮肤发绀、耳朵发紫

图 8-4 精神不振,采食量减少

图 8-5 耳朵发紫

图 8-6 妊娠后期母猪流产

图 8-7　脾脏肿大

图 8-8　颌下淋巴结出血

图 8-9 肺脏出血

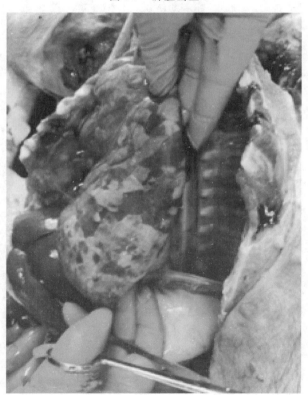

图 8-10 肺脏肿胀出血

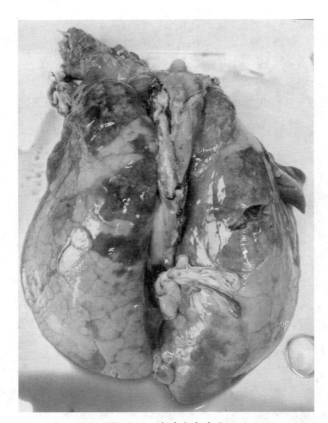

图 8-11　肺脏实变出血

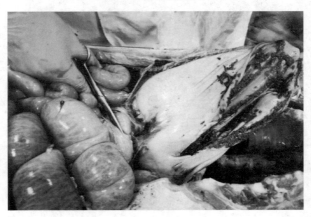

图 8-12　胃门淋巴结出血

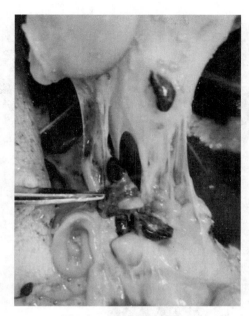

图 8-13　肠系膜淋巴结出血

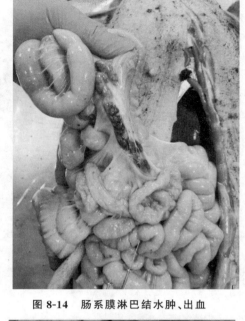

图 8-14　肠系膜淋巴结水肿、出血

图 8-15　小肠出血

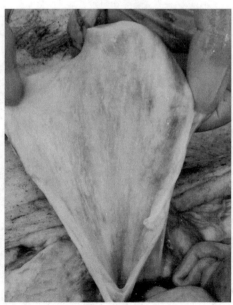

图 8-16　膀胱出血点

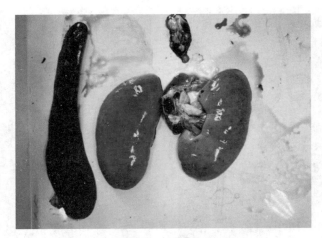

图 8-17　脾脏肿胀、肾脏上有出血斑点

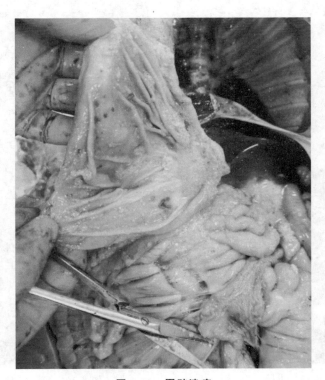

图 8-18　胃壁溃疡

图 8-19 心肌出血

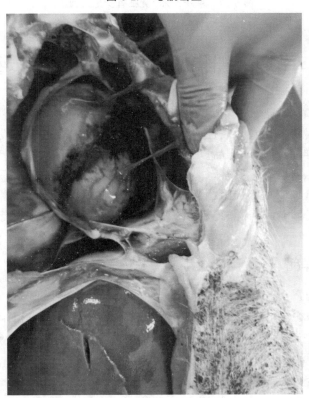

图 8-20 心肌严重出血

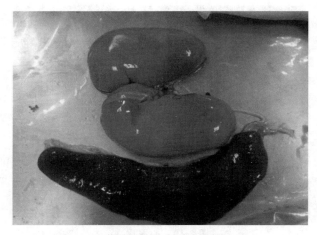

图 8-21　脾脏肿胀,肾脏有少量出血点

第二节　非洲猪瘟检测样品的采集、运输

非洲猪瘟检测样品的采集,必须根据动物的发病时间、发病状态、治疗史来选择最佳的采样时机与最具代表性的样品。根据检测内容,可采集发病动物或同群动物的血清学样品、病原学样品以及环境样品,病原学样品主要包括抗凝血、脾脏、扁桃体、淋巴结、肾脏和骨髓等,如环境中存在钝缘软蜱,也应一并采集。样品的包装和运输应符合原农业部《高致病性动物病原微生物菌(毒)种或者样本运输包装规范》规定。规范填写采样登记表,采集的样品应在冷藏和密封状态下运输到相关实验室。

一、血液样品

1. 血清样品

无菌采集 3～5 mL 血液样品,将采好猪血的注射器在室温下倾斜放置 4～8 h,收集血清(图 8-22),采用冷藏运输。到达检测实验室后,给予冷冻保存。

2. 抗凝血样品

无菌采集 3～5 mL 抗凝血(图 8-23),冷藏运输。抗凝剂一般选用 EDTA(肝素会影响检测)。EDTA 是一种强力抗凝剂,与钙结合能力比柠檬酸钠强 10 倍,既能抗凝又能保护 DNA,所以作为核酸检测中使用的抗凝剂是最好的。采集血液

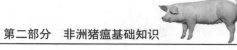

后轻轻上下颠倒，可使血液与抗凝剂充分混匀，这样可在防止血液凝固的同时避免溶血（图8-23）。

图8-22　待冷冻保存的猪血清

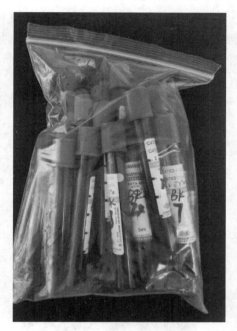

图8-23　猪 EDTA 抗凝血

81

二、组织样品

组织样品采集对象为发病、死亡或临床健康的猪。

（一）采集组织样品

采集具有明显病变的脾、肝、肺、心等组织器官，选取的部位在病变和健康组织交界处。尽可能减少污染，每取一个组织块，用火焰消毒剪、镊等取样器械，将组织块分别放入盛有组织保存液的灭菌容器内并立即密封，做好标记，注意防止组织间的相互污染。样品到达检测实验室后，－20 ℃条

图8-24　猪组织样品

件冷冻保存(图 8-24)。

(二)口鼻/肛门拭子(或环境拭子)

用一次性灭菌棉签蘸取、擦拭猪只口鼻/肛门(或环境物体表面),将已采样的棉签放入盛有样品保护液的离心管中,当样品到达检测实验室后,-20 ℃条件下冷冻保存(图 8-25)。

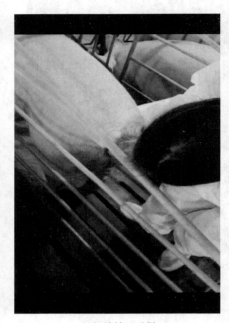

鼻腔棉拭子采样   肛门棉拭子采样

图 8-25 猪鼻腔、肛门棉拭子采集

三、样品包装

非洲猪瘟样品在以适当温度、最快速度采集完毕后,应进行包装并做好标记后送至实验室进行检测。运输非洲猪瘟样品的包装应使用"三重包装系统",并符合以下要求(图 8-26)。

(一)直接盛装容器

原容器,如玻璃、试管或自封袋等,要求防水防漏;如果有多个容器,需要不同保存条件的应分类分开包裹,防止其互相接触。

图 8-26　运输样品简易三层包装

(二)二次包装

把样品原容器及吸附性材料放入防渗透的二层容器中。要求二层容器在－40～50 ℃范围内可以承受不低于 95 kPa 的压力差,保护内层容器不破损。添加的吸附性材料可用来作为缓冲材料,当原容器发生破损时可以吸收原容器中的液体。通常采用塑料或聚乙烯泡沫冷藏盒作为二层容器。

(三)坚硬的外部包装

外包装应足够坚固,且具有生物危险标识及包装放置方向标识,必要时应标注使用的制冷剂。

外包装和二次包装之间,要放置采样单(置于自封袋内);如果样品须冷藏或冷冻保存,则应放置冰袋或其他制冷剂及内支持物。冰袋应选用凝胶冰;若使用干冰制冷,外包装应允许释放二氧化碳;若使用液氮制冷,各级容器应使用耐低温材质,并遵守运输液氮的有关规定(图 8-27)。

所采样品交于接样人员,由接样人员出具检测(监测)任务书,登记详细信息。由实验室检测人员确认接样。

四、样品运输

要根据样品的保存要求及检测目的,妥善安排运送,保障样品质量能满足检测要求。其内容主要包括:样品采集后应尽快送抵接收实验室,在运输过程中尽可能提供样品最佳保存条件,应确保样品的包装安全。

生物安全相关法律法规对非洲猪瘟样品运输的要求为:运输样品必须经相关主管部门批准后方可进行运输。

注意事项:

①猪场采集样品前后应做好生物安全防护,避免造成疫情的人为传播。②抗

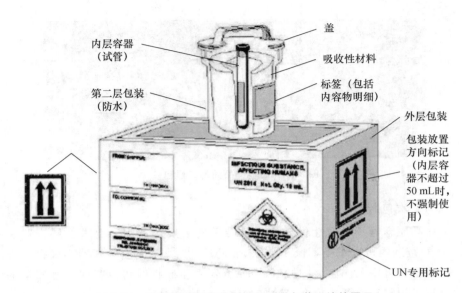

图 8-27　感染物质的包装和标签三重包装系统的图示

凝血样品应尽量选用 EDTA 抗凝剂,肝素会影响实验结果。③做好样品信息详细记录。④样品应及时送实验室进行检测。

第三节　非洲猪瘟实验室检测

　　由于目前非洲猪瘟缺乏疫苗,为防止疫病的传播,须实施严格的生物安全控制措施,这就依赖疫病的快速、可靠的早期诊断。非洲猪瘟的实验室诊断方法从检测靶标物质的分子水平上,可以分为三大类:第一类包括核酸检测方法,第二类包括病毒(完整颗粒)检测方法,第三类包括抗体检测方法。检测方法的选择主要根据当地疫情发病情况及实验室的诊断能力而定。三类检测方法均可应用于实验室诊断,同时在综合判定过程中也可依据不同检测方法的最低检出限规定不同检测结果之间的判定优先权和终审权。

　　我国现行检测非洲猪瘟的方法主要依据《非洲猪瘟诊断技术》(GB/T 18648—2020)和《非洲猪瘟检疫技术》(SN/T 1559—2010),检测方法主要包括聚合酶链式反应(PCR)、环介等温扩增反应(LAMP)、重组酶介导等温核酸扩增反应(荧光RAA)、抗体的酶联免疫吸附测定(ELISA)实验、病毒分离等。

一、核酸检测方法

非洲猪瘟病毒核酸检测方法包括聚合酶链式反应(PCR)与等温扩增检测方法。在等温扩增检测方法中,本书主要介绍 LAMP 与荧光 PCR 检测技术。

非洲猪瘟病毒具有诊断学意义的病毒基因主要为 B646L。B646L 大小为 1 938 bp,编码结构蛋白 p72(VP73),B646L 基因高度保守,在不同毒株间核苷酸同源性达 95.5%～100%,氨基酸同源性达 97.8%～100%。B646L 序列是公认的分子检测技术引物设计的理想靶向标志物。

(一)实时荧光定量 PCR 检测方法(qPCR)

PCR 是指体外合成特定 DNA 片段的一种分子生物学技术,由高温变性、低温退火和适温延伸三个步骤反复循环构成,使位于两段已知序列之间的 DNA 片段呈几何倍数扩增;PCR 首先需要从待检样品中提取 DNA 样品,作为扩增的模板。

实时荧光定量 PCR 检测方法(qPCR)被 WOAH 及 FAO 推荐应用于非洲猪瘟病毒核酸的检测。PCR 使用特异性引物对病毒基因组的保守区进行扩增,该技术可以检测或鉴定非洲猪瘟病毒所有基因型的病毒,包括毒力弱的病毒和无红细胞吸附现象的病毒。

实时荧光定量 PCR 可分为 SYBR Green Ⅰ染色法与 TaqMan 探针标记法。

SYBR Green Ⅰ染色法:信号强度和双链脱氧核糖核酸(dsDNA)浓度呈正比。SYBR Green Ⅰ染料能够与任何 dsDNA 的小沟非特异性结合,每形成一条双链,就会有相应染料与之结合,产生荧光信号,因此,荧光信号的积累与 PCR 反应过程完全同步。

TaqMan 探针标记法:信号强度和结合到 DNA 上的探针呈正比。TaqMan 探针的 5′端标记报告基团,3′端标记荧光淬灭基团,探针只与模板特异结合,结合位点在两条引物之间。当探针完整时,报告基团的荧光能量被淬灭基团吸收,没有荧光信号积累。随着 PCR 反应的进行,Taq 酶将探针酶切,这可导致报告基团荧光信号的产生。每形成一条双链,就会切断一个探针,产生一份荧光信号,信号强度代表模板 DNA 拷贝数。

实时荧光定量 PCR 利用荧光信号的变化可实时检测 PCR 扩增反应中每一个循环扩增产物量的变化,通过循环阈值(Ct)和标准曲线的关系对起始模板进行定量分析。实时荧光定量 PCR 检测方法较为先进,可对扩增产物进行自动检测,可规避核酸电泳等后续操作所带来的气溶胶污染风险,而且在多数情况下检测敏感性高于普通 PCR。实时荧光定量 PCR 检测方法适用于任何临床样本,如全血、血清、组织匀浆和细胞培养上清液等,尤其适合检测那些不适用于病毒分离的样品,如已腐败变质的样品或怀疑病毒可能失活的样品。实时荧光定量 PCR 检测方法能够在几小时内完成检测,特异性强,敏感性高,在感染动物还未出现临床症状前即可检测到病毒核酸,已成为应用最广泛的非洲猪瘟病原学检测方法。

1. 样品处理

(1)组织样品 主要病变组织如肝、脾、肾、淋巴结以及肉联厂肉样。

①取 1.5 mL 离心管,加入 8~10 粒直径 2 mm 的钢珠;剪取 2~4 个黄豆粒大小的组织样品置于干净的平皿中,用干净的剪刀将其剪碎;将剪碎的组织样品移入离心管中,加入 700~800 μL 磷酸盐缓冲溶液(PBS)(0.01 mol/L,pH 7.2)制备 10%组织匀浆液。

②将上述离心管放入组织研磨器中,30 Hz,震荡研磨 2 min。

③将离心管放入 60 ℃水浴锅中灭活 30 min,期间每隔 5 min 颠倒混匀样品一次。

④灭活后的样品于 10 000~12 000 r/min 离心 4~5 min,取上清液待下一步使用。

(2)全血样品 采用自然出或离心方式获得血清,将血清移至新的 1.5 mL 离心管,在 60 ℃水浴锅中灭活 30 min,期间每隔 5 min 颠倒混匀样品一次,取上清液待下一步使用。

(3)抗凝血样品 取抗凝血样品 1 mL 至新的 1.5 mL 离心管,60 ℃水浴锅中灭活 30 min,期间每隔 3~5 min 颠倒混匀样品一次;若灭活后难以吸取,可振荡出涡旋后,进行短暂离心;取上清液待下一步使用。

(4)口鼻拭子(或环境拭子) 将盛口鼻子或环境拭子的离心管在 60 ℃水浴锅中灭活 30 min,期间每隔 3~5 min 颠倒混匀样品一次。

2. 病毒核酸提取

可以采用磁珠法提取核酸,在试剂盒预先包被好的提取板中加入 20 μL 蛋白酶 K,之后各孔加入 200 μL 前述处理的样品。对照样品应按照操作规程或试剂盒说明书一同按照预设程序进行提取。其他方法可参照试剂盒提取说明书进行操作。

3. 实时荧光定量 PCR 检测

应选用 OIE 或国家标准规定的检测方法,商品化试剂盒应选用农业农村部验证和推荐的非洲猪瘟诊断试剂盒产品。

(1)主反应液配制在无菌的 1.5 mL 离心管中按 OIE 推荐反应体系进行配制 PCR 反应混合液或按照试剂盒说明书进行操作,至少额外制备两个样本的量,混匀后将反应液分装至反应 PCR 管。

（2）PCR 反应先将阴性对照加入分装反应体系中,再将样本提取的核酸按标准或试剂盒说明书要求量加入反应体系中,最后加入阳性对照核酸,按照标准或试剂盒反应程序进行上机检测。

（3）结果分析 Ct 值由荧光 PCR 仪的软件自动确定,也可进行手动调节,保证阈值线在阴性对照之上。

结果成立的条件:阴性对照无扩增曲线,阳性对照有 Ct 值且有明显的"S"形扩增曲线,则实验结果成立。

当被检样本出现典型的"S"形扩增曲线且 Ct 值符合判定标准时,为非洲猪瘟病毒阳性;当样品无 Ct 值或 Ct 值不符合判定标准时,为非洲猪瘟病毒阴性。

（二）环介导等温扩增检测方法（LAMP）

环介导等温扩增检测方法（LAMP）是 2 000 年由日本研究人员 Notomi 等发明的一种新型的体外等温扩增核酸技术,其原理是针对靶基因的 6 个区域设计 4 种特异引物。在链置换 DNA 聚合酶（Bst DNAPolymerase）的作用下,在 60～65 ℃条件下恒温扩增,经 15～60 min 即可实现 $10^9 \sim 10^{10}$ 倍的核酸扩增,具有操作简单、特异性强、产物易检测等特点。可通过肉眼观察和反应管颜色变化或利用机器读取曲线判定结果。其工作原理为:在一个复制的过程中,当一个脱氧核糖核苷三磷酸（dNTP）分子结合到 DNA 链上时会解离下一个焦磷酸根离子（ppi）,ppi 与反应液中的镁离子结合产生白色沉淀 $Mg_2P_2O_7$。应用荧光目视试剂原理:钙黄绿素（螯合剂）与试剂中的镁离子结合处于淬灭状态。扩增反应的副产物焦磷酸离子与锰离子结合可释放钙黄绿素,当淬灭状态解除时,会发出黄绿色荧光。

LAMP 在人类疾病检测中的应用十分广泛,由于 LAMP 技术具有快速和特异性,其广泛应用于临床疾病的检测,能给患者提供及时有效的医疗方案。LAMP 已经成功应用于放线杆菌、肺炎链球菌、金黄色葡萄球菌、沙门氏菌、军团菌、人类疱疹病毒 6 型和 7 型、结核分枝杆菌的检测,其中结核分枝杆菌环介导等温扩增（TB-LAMP）在 2016 年被世界卫生组织（WHO）官方正式推荐为结核诊断产品该产品已经取得原国家食品与药品监督管理总局备案注册。

LAMP 诊断方法已经被成功应用于细菌、病毒、真菌、寄生虫等病原的分子生物学检测和诊断,以及动物源性成分、胚胎性别鉴定、转基因检测等。随着 LAMP 技术的改进和提高、与其他技术的结合应用、检测仪器的改进等,LAMP 方法将有更多、更广泛的应用。

1. 样品处理

（1）组织样品分别从猪肉组织、淋巴结、脾脏不同位置取样,用手术剪将其剪碎

87

混匀后取 0.1 g 于研磨器中研磨,加入 1.5 mL 生理盐水继续研磨,待匀浆后将其转至 1.5 mL 无菌离心管中,12 000 r/min 离心 2 min,取上清液 200 μL 备用。

(2)血液样品无须处理,取 200 μL 备用。

2. DNA 提取

可利用商品化试剂盒提取核酸进行反应。

3. LAMP 扩增

在实验前 20 min 将试剂从冰箱中取出并恢复至室温,使其完全融化,充分混匀后瞬时离心去除管壁吸附液体。按照试剂盒说明书配制 LAMP 反应液;然后分别吸取样本 DNA、阴性对照、阳性对照加入对应反应管,盖好管盖,转移至扩增仪进行扩增检测。

4. 结果判读

①LAMP 目视检测试剂盒(肉眼判读),荧光定量 PCR 仪器检测结果,与水浴锅检测结果一致。

质量控制:阴性对照为橘黄色、阳性对照变绿色,则实验成立。

结果判读:待测样本变绿色即可判断为非洲猪瘟病毒阳性;否则判断为非洲猪瘟病毒阴性。

②LAMP 荧光检测试剂盒(荧光曲线判读)

质量控制:阴性对照无扩增曲线,阳性对照有时间阈值(Tt)且有明显的"S"形扩增曲线,则实验成立。

结果判读:当被检样本出现典型的"S"形扩增曲线且 Tt 值符合判定标准时,判定为非洲猪瘟病毒阳性,样品无 Tt 值或 Tt 值不符合标准时,判定为非洲猪瘟病毒阴性。

(三)重组酶介导等温核酸扩增技术(荧光 RAA)

荧光 RAA 检测方法,是一种恒温核酸快速扩增技术,该方法可在等温条件下(37～42 ℃)、5～15 min 内实现对目的基因片段的扩增,具有快速、特异、灵敏、设备便携、操作简便、实时观察、自动判读等优势。该方法已成功应用于非洲猪瘟病毒的检测,并显示出了较高的灵敏度及特异性,适合在临床现场进行大规模筛查,具备一定的现场快速检测和应用推广的价值。

荧光 RAA 是一种不需要热稳定酶和精密热循环仪,利用单链 DNA 结合蛋白(SSB)、重组酶和 DNA 聚合酶,在 37～42 ℃下 5～30 min 即可完成核酸扩增的新型等温扩增技术。该技术的原理是在等温的环境下,使重组酶与引物紧密结合,形成引物-酶的聚合体,当带有重组酶的引物在反应体系中搜寻到与之完全互补的

DNA 序列时,在 SSB 的帮助下,DNA 链解旋被打开,同时在 DNA 链。在恒温条件下,该过程不断重复高效的扩增,最快在反应 5 min 时,目的基因的扩增产物即可达到检测水平。扩增产物可通过实时荧光法进行可视化分析。众多研究表明,荧光 RAA 检测方法已成功应用于病毒、细菌、寄生虫、单核苷酸多态性(SNP)的检测,其灵敏度和特异性与 PCR 方法相当。

二、病毒(完整颗粒)检测方法

(一)高敏荧光免疫分析法

免疫分析是基于蛋白质抗原和抗体之间,或者小分子半抗原和抗体之间的特异性反应的分析方法。荧光免疫分析法具有灵敏度高、可测参数多、动态范围宽、标记物稳定且可实现均相免疫分析等优点,目前已成为一种成熟有效的非放射性免疫分析法且被广泛应用。荧光纳米颗粒的出现对生物大分子的检测方法产生了重要的影响,不仅提升了现有分析方法的灵敏度,还提供了不可替代的标记灵活性,结合信号放大技术,可进一步提高分析灵敏度,其在荧光免疫分析过程中无疑具有重要的作用。

(二)夹心 ELISA 抗原检测方法

夹心 ELISA 抗原检测方法是利用夹心 ELISA 法检测非洲猪瘟病毒抗原,将非洲猪瘟病毒 p30 蛋白单克隆抗体包被于 96 孔微孔板中,制成固相载体,向微孔中分别加入待测抗原,当待测抗原与连接于固相载体上的抗体结合后加入辣根过氧化物酶标记的 p30 蛋白单抗(针对 p30 蛋白的不同表位),形成夹心,将未结合的生物素化抗体洗净后,加入辣根过氧化物酶(HRP)标记的亲和素,再次彻底洗涤后加入 $3,3,5,5'$-四甲基联苯胺(TMB)底物显色。TMB 在过氧化物酶的催化作用下转化成蓝色,并在终止液的作用下转化成最终的黄色。颜色的深浅和样品中的待测抗原呈正相关。用酶标仪在 450 nm 波长下测定各孔吸光度,此法用于计算样品中待测抗原浓度。

夹心 ELISA 法的灵敏度高,它比直接或间接 ELISA 法敏感 2~5 倍;同时,夹心 ELISA 法使用两种特异性抗体与抗原结合,拥有很高的特异性。夹心 ELISA 法的缺点是对配对抗体要求很高,如果没有标准化的试剂盒或者已经通过测试的配对抗体,则需要进行配对抗体定制并进行优化,因为降低捕获抗体与检测抗体之间的交叉反应是非常重要的。

三、抗体检测方法

非洲猪瘟病毒自然感染的潜伏期一般为 4~19 d,感染后 7~9 d 血清转阳,抗

89

体阳性可持续终生。非洲野猪对该病有很强的抵抗力,一般不表现出临床症状,但家猪和欧洲野猪一旦感染,则表现出明显的临床症状,可表现为最急性、急性、亚急性或慢性感染。引起的临床表现非常多,比较典型的症状是涉及多器官的出血热。存活下来的感染猪并不会长期带毒,而是随着时间的推移,使病毒载量逐渐降低,最后完全清除病毒。在感染非洲猪瘟病毒后至少 90 d 内,仍然能够在受感染的猪身上用 PCR 检测出病毒。

《OIE 陆生动物诊断实验与疫苗手册》强调:"在呈地方性流行或由低毒力毒株引起的初次暴发的地方,对于新暴发病的调查研究应包括应用 ELISA 检测血清或组织提取物中的特异性抗体;血清学方法在辅助确定非洲猪瘟暴发时的作用不可低估,因为在急性死亡的病例中也可以检出抗体。"目前对非洲猪瘟尚无疫苗可用于预防,通过血清学检测阳性通常可做出确诊。感染后已康复的猪体内的抗体可维持很长时间,有时已康复的猪可终生携带抗体。根据《非洲猪瘟防治技术规范》的要求,从流行病学调查、临床症状等指标怀疑非洲猪瘟疫情的,应采集血清样品进行实验室检测,以便做出疑似诊断。

(一)血清学样品的采集

无菌采集 3~5 mL 血液样品,室温放置 4~8 h,收集血清,冷藏运输。到达实验室后,冷冻保存。

(二)酶联免疫吸附实验

酶联免疫吸附实验(ELISA)是一种常用的检测技术,广泛应用于多种动物疫病的大规模血清学调查,该方法的显著特点是特异性好、灵敏度高、速度快、成本低,借助于自动化设备的使用,可以实现大量样本的快速筛选。非洲猪瘟抗体检测可分为间接 ELISA、阻断 ELISA 与夹心 ELISA 3 种方法,所用包被抗原也不尽相同。

1. 间接 ELISA 反应原理

将杆状病毒表达的非洲猪瘟病毒 p30 重组蛋白包被在酶标板上,当加入待检样品之后,样品中的特异性抗体将与抗原结合,形成抗原抗体复合物,待洗去未结合的非特异性物质之后,加入酶标记抗体,即为酶标二抗,待酶标二抗与抗原抗体复合物结合后,加入底物进行显色,测定吸光度,吸光度与样品中的非洲猪瘟抗体含量呈正相关,从而可检测出样品中非洲猪瘟的抗体含量水平。

2. 阻断 ELISA 反应原理

将杆状病毒表达的非洲猪瘟病毒 p30 重组蛋白包被在酶标板上,加入待检样品,使样品中的待测抗体与酶标板上的抗原结合,然后加入辣根过氧化物酶标记的抗非洲猪瘟病毒 p30 蛋白单抗,此抗体也可以与酶标板上的抗原结合。由于酶标板上包被的抗原数量是有限的,因此,当样本中的抗体量越多时,非洲猪瘟酶标抗体可结合的非洲猪瘟抗原就越少,两种抗体竞争结合非洲猪瘟抗原,加入底物显色后,测定吸光值,吸光值与酶标记物的含量呈正相关,也就是与样品中的非洲猪瘟抗体含量呈负相关。当样品中的抗体含量越多,酶标板孔内留下的酶标抗体就越少,显色就越浅。

3. 夹心 ELISA 反应原理

包被抗原为非洲猪瘟病毒重组 p54 蛋白,酶标抗原为辣根过氧化物酶标记的重组 p54 蛋白。酶标板结果颜色的深浅和样品中的抗体含量呈正相关。用酶标仪在 450 nm 波长下测定各孔吸光度,用于判定样品中抗体的阴阳性。

抗体检测可作为感染非洲猪瘟病毒的诊断依据,尤其适合亚急性和慢性非洲猪瘟,适合大规模的抗体筛查。对非洲猪瘟的血清学检测,应在符合生物安全要求的实验室中进行,并得到农业农村部的批准。ELISA 方法敏感性强,但在样品保存不好、出现腐败变质等情况下,敏感性会明显降低。为解决样品质量带来的影响,在用 ELISA 法检测不合格血清样品出现阳性或可疑结果时,须用间接免疫荧光实验做进一步确认。

(三)间接免疫荧光实验

间接免疫荧光测定(IFA)是 OIE 推荐的一种敏感性高、特异性强的快速检测方法,既可用于血清检测,又可用于组织液的检测,当 ELISA 检测结果不确定或抗原制备困难时,可应用此方法。将感染非洲猪瘟病毒的细胞或者感染重组病毒(表达非洲猪瘟病毒蛋白质)的细胞固定于固相载体制备抗原板上,加入待检血清进行反应,如果被检血清中含有非洲猪瘟病毒特异性抗体,就会与细胞中的非洲猪瘟病毒抗原结合,再加入荧光素标记的第二抗体与抗原-抗体复合物进行结合,在荧光显微镜下观察结果,阳性血清会在感染细胞的细胞核附近呈现特异性荧光。操作时,应同时使用标准阳性和阴性血清作为对照,避免非特异荧光信号引起的误判。

四、检测结果判定的等效性和优先权

核酸、病毒(完整颗粒)与抗体三大类检测方法均可用于实验室诊断,核酸和病毒(完整颗粒)检测方法均为阳性具有等效性,核酸检测方法和病毒(完整颗粒)检测方法中任何一种方法检测为阳性的,均可诊断为非洲猪瘟病例。

核酸和病毒(完整颗粒)检测方法检测结果不同时的判定优先权:当检测结果不一致时,高敏荧光免疫分析法和夹心 ELISA 抗原检测方法的任何一种的检测呈阴性结果时,仍需经荧光 PCR 检测方法或荧光 RAA 检测方法再检,任何一项检出非洲猪瘟病毒核酸阳性的,可诊断为非洲猪瘟病毒感染。抗体检测方法的阳性判定具有等效性:间接 ELISA 抗体检测方法、阻断 ELISA 抗体检测方法和夹心 ELISA 抗体检测方法,任何一项检测抗体呈阳性,可诊断为抗体阳性。

ELISA 方法检测结果不同时的判定优先权:3 种 ELISA 抗体检测方法的检测结果不一致时,须经间接免疫荧光方法进行确认。

五、病毒分离

病毒分离需要在具有非洲猪瘟病毒活动项资格的生物安全三级实验室进行。可用于非洲猪瘟病毒分离的猪原代细胞有猪的单核细胞和巨噬细胞,包括猪血液白细胞、猪肺泡巨噬细胞和骨源的单核细胞等原代细胞。病毒分离是将样品接种到上述细胞中进行检测的。如果样品中存在非洲猪瘟病毒,则在感染细胞中会产生细胞病变。猪肺泡巨噬细胞对非洲猪瘟病毒更为敏感,可作为病毒分离的首选,在接种 2 d 后会出现红细胞吸附反应,3～4 d 会产生明显的细胞病变(细胞圆缩、肿大形成葡萄串状)。

红细胞吸附实验是非洲猪瘟病毒特有的检测技术,其他猪源病毒在白细胞培养物中不存在红细胞吸附特性。猪的红细胞可以吸附于感染非洲猪瘟病毒的单核细胞和巨噬细胞的表面,形成类似玫瑰花环的现象。红细胞吸附实验的周期为 3～10 d,出现玫瑰花环的时间长短取决于样品中的病毒含量,浓度较高的样品可在接种细胞后 48 h 内产生红细胞吸附反应,浓度较低的样品则有可能在 8 d 后才会产生红细胞吸附反应。需要特别注意的是,细胞在没有发生红细胞吸附反应的时候会出现细胞病变,这有可能是由于其他不产生红细胞吸附实验的病毒感染所致。此时,需要采用分子诊断技术(LAMP 或荧光定量 PCR)进行进一步的确认。

非洲猪瘟疫情防控知识

第九章　猪场布局设计

第一节　猪场各类猪舍和功能区要求

目前,猪场的分区主要分为生活办公区和生产区两个区,但也有猪场将场区分为生活区、办公区及生产区。另外,随着国家重视环境污染问题,很多规模化猪场投资建设了环保处理设施,也可以再划一个环保处理区。当然不同的猪场猪舍类型会有一些不同之处。

在进行猪场设计与布局的时候,我们需要考虑不同区域的生物安全级别等级。猪场不同区域生物安全的级别高低顺为生产区、生活区、办公区以及场外,其中猪场的生产区的级别顺序为公猪舍、配怀舍、产房、保育、育肥(生物安全级别依次降低)。

第二节　相关设施设计

一、猪场门卫

外来的人员、物资和车辆等需要入场都需要经过猪场门卫的卫生管理流程;简单概括起来,就是"人物车"三方面的进场设施设备的设计与布局。人员需要考虑淋浴间的设计与布局,物资需要考虑消毒间的设计与布局,车辆需要考虑消毒池的设计与布局。

淋浴间的设计与布局:淋浴间的设计与布局做到分区明显(图9-1),有相应的物理隔离作用的板凳;设计与布局要考虑单向流动的可执行性,只有通过淋浴区才能进入净区更衣处;同时需要考虑淋浴间的舒适性与人性化(图9-2),提供舒适干净的环境、优质的淋浴用品,才能使得员工愿意主动明确地去执行入场卫生流程。

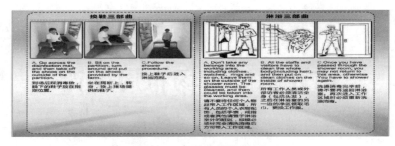

图 9-1　人员入场流程图

图 9-2　淋浴间的换鞋处和淋浴区

供物资消毒的消毒间（图 9-3）：一方面要将消毒间设计成内外两扇门，一个门用作外来物资入口，另一个作为物资出口，中间采用镂空的置物架固定于两墙之间；另一方面消毒间的消毒设施可以采用熏蒸（臭氧和甲醛等）消毒、紫外消毒（在置物架的上、中、下三个部位布控紫外灯）或者喷雾消毒；熏蒸和喷雾消毒均要求消毒间的密闭性良好。

图 9-3　物资消毒间

消毒池或通道的设计：计算好消毒池的深度与长度（根据轮胎的周长来算），并建立遮雨棚；最好能在消毒池两边设置空中过道以便全方位的消毒，一些猪场也可以设计为感应喷雾消毒以及底盘感应清洗和消毒（图 9-4）。

图 9-4　车辆消毒池

二、饲料(或原料)中转

针对饲料入场的生物安全措施,猪场能够把控的只有饲料的中转。猪场主要采用的是饲料库或中转料塔进行。其主要目的是为了将运输车辆和饲料袋外包装的疫病传播风险降低。

中转饲料房由卸料区、储料区、打料区三个部分组成。卸料区的设计要点是高低台阶,以尽可能地避免车辆的潜在风险传入饲料仓库[图 9-5(a)];在储料区可以设置密闭的熏蒸消毒间对饲料进行熏蒸消毒,并在生产区方向设置绞龙[图 9-5(b)]打料,仓库外的绞龙作为出料口[图 9-5(c)];最后再由场内的料车打入猪舍的料塔(图 9-6)。

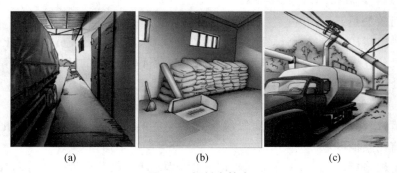

(a)　　　　　　　　(b)　　　　　　　　(c)

图 9-5　饲料中转仓

中转料塔。中转料塔集中建在外部散装料打料车停靠处(图 9-7),并且在中转料塔和外部打料车之间设立围墙;最后再由场内打料车从中转料进行运输。

97

图 9-6　猪舍料塔

三、猪只出售

在猪场建设的时候，一般会建设出猪台或出猪房；但是猪场建设有出猪中转站的相对少得多。虽然投资不大，两者产生的生物安全效果还是相差很大的；如果没有出猪中转站，相当于猪场与外部运猪车进行了"亲密接触"（除非猪场可以对外部运猪车辆进行彻底的清洗消毒流程）。如果能够建设一个出猪中转站（中转车辆由猪场控制），"疏远"了猪场和外部病原微生物之间的关系。

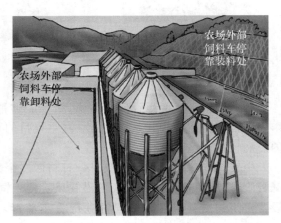

农场外部饲料车停靠装料处

农场外部饲料车停靠卸料处

图 9-7　猪场中转料塔

针对出猪房的布局设计，重点抓住生产区人员、场外赶猪人员（比如门卫）以及卡车司机分界线；从图 9-8 可以看出，不同颜色为不同人员的活动范围，不同颜色的重叠处为不同区域人员的分界线。同时考虑到交叉污染的风险，从生产区到场外赶猪、再到外部赶猪道需要有一定的坡度（图 9-9）。

出猪台、淘汰室、仔猪出栏室等风险点需设定淋浴间，工作结束后在此洗消净化才能前往其他区域。

对于种猪场来说，为了保证猪群的高度健康状况，建设出猪中转站以减少疫病传入的风险。当然，在当前非洲猪瘟施虐全国的情况下，猪场都建设出猪中转站（图 9-10）。中转站要考虑水、电、硬化地面、污水处理等，并严格做好脏区和净区的划分；中转站的具体建设可以根据猪场的实际情况来建设。

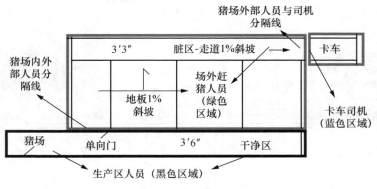

图 9-8　出猪台布局图

图 9-9　出猪台

四、死猪处理

猪场的死猪处理有很多措施,比如堆肥处理、化尸池(井)、深埋、高温化制、政府集中收集处理等无害化处理措施。猪场根据自身情况选择相应适合本场的处理方法。

死猪中转站有两种情况:一种是场内的死猪中转站,另外一种是在场外的中转站(第三方收集死猪);如果是第三方收集死猪的情况,建议在场外 800 m 以上建设死猪中转站;但是无论哪一种情况,设计的时候均要考虑采用台阶高度差(图 9-11)的形式,让其形成物理隔离,并且严格区分脏区与净区。

五、粪污处理

粪污的处理主要包括粪污的内部中转和外部运输(有机肥)。传统猪场可能会用到内部中转[图 9-12(a)],现代化猪场多是水泡粪或者刮粪,然后经过管道流至

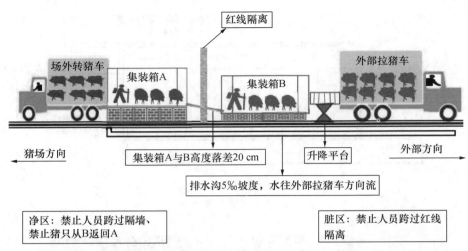

图 9-10　中转出猪台

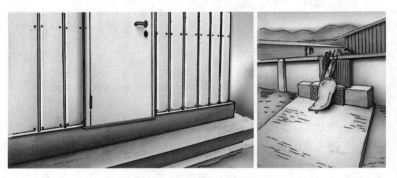

图 9-11　死猪中转站

粪污处理区。重点还是应该关注粪污的外部运输（有机肥），其需要考虑台阶的高度差[图 9-12(b)]。

六、猪舍连接

传统的猪舍之间一般会有硬化路面，较少会有猪舍连接；最多也就是在猪舍之间建有赶猪道，有些还会建有顶棚和防鸟网[图 9-13(a)]；现代化的猪舍之间（比如妊娠舍之间、配怀舍与产房之间、保育与育肥之间等）很多会建有封闭的通道[图 9-13(b)圈内]。我们应该将猪舍连接看作是猪舍的一部分，将它们当成一个整体，进而更有利于减少疫病在猪群传播的风险。

(a)　　　　　　　　　　　　　　　(b)

图 9-12　污水处理区设计

(a)　　　　　　　　　　　　　　　(b)

图 9-13　猪舍的链接

七、厨房

在设计布局厨房的时候,重点考虑厨房的位置与布局(图 9-14)。一般将厨房设置在办公区(或隔离区/外生活区)与生活区餐厅严格分开,通过传递窗[图 9-14 (b)]传递食物。

(a)　　　　　　　　　　　　　　　(b)

图 9-14　厨房与餐厅的设计布局

第三节　洗消中心

一、洗消中心的布局

标准完善的洗消中心必须包括高压热水清洗系统、消毒喷洒系统、车辆烘干系统以及人员淋浴隔离系统,并且洗消中心必须做到单向流动。猪场洗消中心布局如图 9-15 所示,总的原则为车辆和人员单向流动;净车和脏车严格区分道路。车辆流程为清扫、清洗、消毒、干燥。

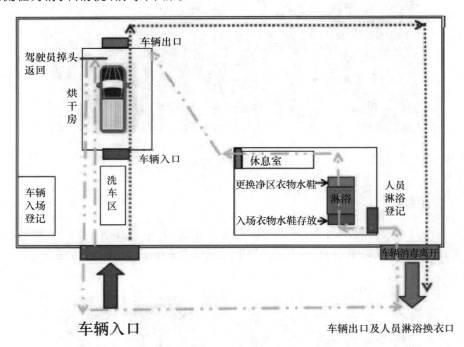

图 9-15　洗消中心布局

(一)洗消中心位置要求

(1)距离村庄 500 m 以上。

(2)距离其他洗消中心、猪场、屠宰场、生猪交易市场等 3 km 以上。

(3)排水性能好,污水处理能力。

(4)两端开口,单向流动。

(二)清扫区

进行第一步的清洁工作,用扫帚等按照从上到下,从前到后的顺序将车辆上的粪污清理。

(三)洗消区

对车辆进行彻底的洗消。首先使用强渗等发泡剂对车辆进行发泡浸泡,静置 15 min 后用高温热水进行全方位冲洗,重点关注车厢、轮胎、底盘,驾驶室需要人工进行消毒液擦拭。完成冲洗后,使用 1:150 安灭杀进行全方位喷洒消毒,消毒静置 15 min 后前往烘干区,泡沫清洗剂效果图详见图 9-16 和图 9-17。

103

图 9-16　泡沫清洗剂浸泡　　　　　图 9-17　泡沫清洗剂消毒

(四)烘干区

非洲猪瘟病毒耐冷怕热,车辆洗消后应烘干在 55 ℃持续 70 min 或者 60 ℃持续 20 min 可杀灭病毒(图 9-18 和图 9-19)。车辆烘干过程能耗较大,可在满足需要时将烘干车间缩小,将地面设计成一定坡度,同时使用通风加热量,车辆干得更快。如果没有烘干设备,则要求运输车辆晾干或晒干。

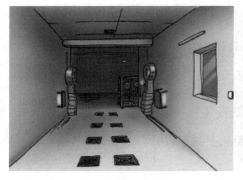

图9-18 专业烘干房烘干

图9-19 简易柴油提温机烘干

车辆到达猪场时,已在洗消点经过彻底清洗消毒的车辆到猪场大门外,由门卫再进行一次消毒方可靠近装猪台,司机全程禁止下车。检查运猪车辆的清洁消毒记录;场内转猪运输车辆须每天消毒,严禁出场;消毒剂的选择和用量同第一次消毒。

总之,来往猪场的车辆是猪病传播的重要媒介,在非洲猪瘟爆发的非常时期,猪场必须对相关车辆进行严格管理,做好清洁消毒,以阻止病毒的传播,保障猪场安全。

二、洗消中心操作流程要求

(一)人员流动管控(图9-20)

(1)人员驾驶需烘干的车辆由入口进入洗消中心。

(2)入场后由洗消中心人员进行车辆冲洗检查,对冲洗不合格车辆遣返。

(3)洗消中心人员进行车辆信息登记,驾驶人员认真阅读安全要求,并签字确认。

(4)洗消中心人员检查车辆及烘干设备的安全隐患,存在隐患的禁止进入烘干房。

(5)驾驶人员将车辆驶入烘干房。

(6)驾驶人员从出口离开,前往人员淋浴间。

(7)驾驶人员在淋浴间脏区脱下原有衣物。

(8)驾驶人员在淋浴间淋浴至少5 min。

(9)驾驶人员在淋浴间净区更换新的水鞋和工作服,在休息室等待烘干。

(10)淋浴间内单向流动,禁止返回。

(11)烘干结束后,驾驶人员由洗消中心内部道路前往烘干房。

(二)车辆流动管控(图9-20)

(1)车辆由洗消中心入口进入。

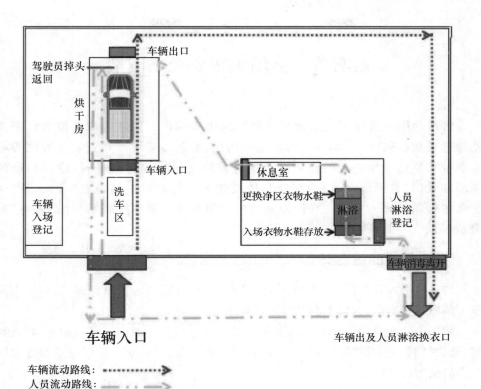

车辆流动路线：••••••••➤
人员流动路线：‑‑‑➤

图 9-20 洗消中心流程布局图

（2）烘干结束后由洗消中心出口离开。

（3）车辆在洗消中心内单向流动，严禁掉头返回。

（4）若存在多辆车排队烘干或驾驶员过夜离开的情况，脏车一律在入口外等待，净车一律在出口附近等待。

（三）物流管控（图 9-20）

（1）驾驶人员的工作服由洗消中心提供，洗消中心人员每天下午进行衣物的清洗消毒。

（2）消毒要求为 1∶200 卫可浸泡 30 min 后冲洗。

（3）洗消中心人员负责站内衣物的外借和回收记录。

（4）驾驶人员进入洗消中心时，上次离开时所穿着的衣物和水鞋在淋浴间脏区换下。

（5）驾驶人员淋浴后更换净区已经清洗消毒的衣物和水鞋。

第四节　猪场生物安全之围墙

　　猪场的第一道保护就是猪场周围的围墙或围栏。而新病原的最大传染源就是感染猪。因此,猪场周围的围墙或围栏,最起码应可以起到阻止野猪等可能携带病原的动物进入的作用。猪场应该使用栅栏或建筑材料,建立明确的围墙和大门,且围墙、大门的高度和栅栏的间隙能够阻止猪场意外的人员、动物和车辆随意进入猪场。在围墙和大门的明显位置悬挂或张贴"禁止入内"的警示标志。

一、外围栏的生物安全

　　许多猪场的外围栏只是一个装饰,最多能把人挡在外面(图 9-21)。而非洲猪瘟等病原是真实的,它们不会被虚张声势吓跑。

　　猪场的外围栏设计至少应该能够把野猪等阻挡在外面。野猪与众不同,既能爬,又能打洞。一般情况下,外围栏应该埋入地下 18 cm,或至少也应该与地面有坚实的接触(图 9-22)。

图 9-21　围墙

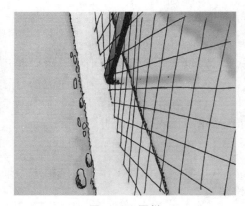

图 9-22　围栏

二、围墙及其周边的维护

　　很多猪场会建造一个很好的围栏,但之后就任由其周围杂草自然生长,最后把整个围栏遮起来。每周至少要巡视一次围栏,同时确保不要让墙根滋生杂草(图9-23)。

一旦发现围栏底部露出或围栏破损,就必须尽快修补好并检查围栏损坏区有没有动物进入猪场。

三、围墙上原本存在的洞

外围栏上一般会装有自然排水口(图9-24)。排水口处需要安装栅栏,以防动物把排水口作为进入猪场的天然通道。

图 9-23 围栏

图 9-24 排水口

四、围墙边铺石子防鼠带

围墙等建筑物外围铺设石子,用于防治老鼠等动物的进入;防鼠带是一条小滑石或碎石子(直径小于19 mm)防护带,其宽度为25～30 cm,厚度为15～20 cm。铺成的防鼠检查带可以保护裸露的土壤不被鼠类打洞营巢,同时便于检查鼠情、放置毒饵和捕鼠器等;因为小碎石小而不规则,成不了洞,从而阻止鼠害。

五、大门

大门作为围墙的一部分,应使用实心的材料(图9-25),考虑到员工的感受,也可以使用镂空大门(图9-26)。猪场外墙是猪场抵御非洲猪瘟的第一道防线。控制非洲猪瘟最简单的方法就是把它连同有害的猪一起阻挡在猪场外面。不要让猪舍的防疫设施流于形式而不能发挥作用。

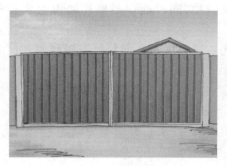

图 9-25　实心大门

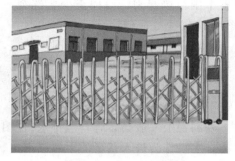

图 9-26　镂空大门

第十章 猪场生物安全体系

第一节 不同生物安全等级的
区域划分和要求

在养猪生产和生物安全体系中,不同猪场因代级不同,其健康等级也不同,呈现"金字塔"形。处于金字塔塔尖健康等级最高的是原种场,其次依次为祖代扩繁场、父母代猪场、商品场以及体系以外猪场(如育肥仔猪出栏场),其健康等级逐渐降低(图 10-1)。

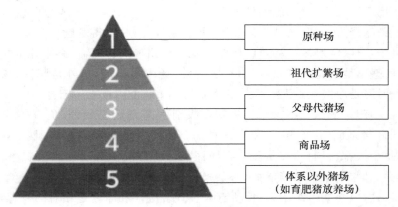

1	原种场
2	祖代扩繁场
3	父母代猪场
4	商品场
5	体系以外猪场(如育肥猪放养场)

图 10-1　猪场健康等级

在同一猪场内由于不同猪群所处的生产阶段不同,其健康的等级也不同,也呈现"金字塔"形,健康等级最高的是种公猪,其后依次为母猪(怀孕、产房和断奶)保育猪和育肥猪,其健康等级逐渐降低(图 10-2)。无论是不同代级猪场还是同一猪场内部不同生产阶段,猪群只能由健康等级高(金字塔尖)向低健康等级流动(金字塔基),不可逆流。

猪场可根据生物安全等级,可划分为 4 大区域,分别为场外、外部生活区、内部

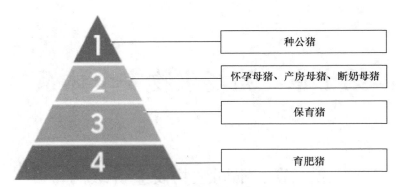

图 10-2　猪群健康等级

生活区和生产区。每个区域之间有清晰的物理界限,并按风向合理布局,实行严格的分区管理。各区安全等级从高到低分别为生产区、内部生活区、外部生活区及场外;入场路线依次为场外、外部工作区、内部工作区、生产区及猪舍,未采取相应的生物安全措施时,不得跨区。

　　在猪场设计建设之初,即按照场内不同污染级别划分脏区和净区,不同功能区建筑物使用不同的颜色(如围墙外为黑色,办公区为灰色,生产区为白色),颜色越深代表污染越严重,不同区域之间设置围栏,未经允许,不得跨越。

　　在猪场,净区和脏区是相对的概念。就非洲猪瘟病毒而言,感染地区相对于未感染地区,感染地区是脏区;场内相对于场外,场内是净区,场外是脏区;场内生活区相对于门卫是净区,但相对于生产区是脏区;猪舍内部相对于舍外是净区,舍外是脏区。净区-灰区-脏区,是生物安全级别由高到低的划分,负责生物安全人员在不同区域之间,确定脏区和净区的分界线,并有物理障碍将脏区和净区分开,这样每个人都会明白,在从脏区到净区,必须清洗、消毒、换鞋、换衣服、淋浴等(图 10-3)。如果无法淋浴换衣服,必须换鞋和穿上防护服。

　　养猪场内应不断组织培训,使所有人员理解脏区和净区是相对的概念,而非绝对的概念,对不同的功能区可划分不同生物安全级别(表 10-1),并严格分开。

表 10-1　场内不同功能区生物安全级别划分

级别	脏区	净区
一级	猪场大门外、污水区、无害化区、出猪台、淘汰室	猪场围墙内
二级	办公区、饲料加工储藏室、厨房	生活区、生产区、餐厅
三级	生活区、餐厅	生产区
四级	公共道路	猪舍、赶猪道

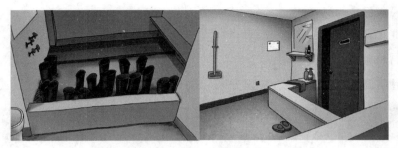

图 10-3　脏区净区隔挡换鞋

以下为猪场常见区域脏区和净区的划分以及要求：

一、淋浴间

生物安全是猪场的命脉，尤其我国处于非洲猪瘟肆虐的严峻形势之下。所有人员进入猪场都要遵循生物安全规范，应在入场员工通道和生产区员工通道处分别设置淋浴间，淋浴间的设计必须符合单向流动原则，人员没有返回流动过程，并划分脏、净区界线，由脏区进入净区必须淋浴后更换场方提供的衣服和鞋子。任何个人物品存放在脏区一侧，手机、眼镜需消毒后随身携带。淋浴间脏区和净区的划分如图 10-4 和图 10-5。

图 10-4　猪场入口隔挡脏区净区

图 10-5　淋浴间隔挡脏区净区

（一）脏区

存放场外个人物品的区域（衣服、鞋子、眼镜、手机等），如浴室场外一侧。

（二）净区

浴室场内一侧。

（三）灰区

从脏区到净区之间的区域。

（四）界限

通过明确的可实现界线，标识分区（图10-6、图10-7）。

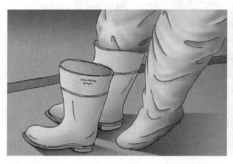

图10-6　明确的界限

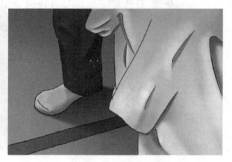

图10-7　明确的界限

112

二、物品消毒隔离室

进入场内的所有物品都要在消毒隔离间内消毒后方可进入生产区。使用多层镂空架作为脏区、净区分界线（图10-8），将房间隔开，雾化、熏蒸或臭氧消毒。脏区：外部人员在消毒前将物品放到架子上的区域，净区：消毒后内部人员拿走物品的区域。从生活区进入生产区的所有物资，应将外包装拆掉后隔离消毒。

图10-8　多层镂空置物架消毒

同时在设计上需要确保净区不可以直接拿到脏区消毒的物资,脏区物资消毒时间达到后,由门卫将物资转到净区可以拿到的区域。

三、出猪台

ASFV 在自然条件下可以长时间保持感染性,在感染猪分泌物和环境污染物中长期存活,在粪便内可存活 160 d,在土壤中存活 190 d。因出猪台是猪场与外界车辆直接接触,如果外面接猪车辆清洗不干净,人员装猪时,没有设定严格的脏区和净区的界线,很容易将车上携带的病毒、细菌等带入场内,所以装猪台是最容易出问题的环节。出猪台的设计需要考虑实用性、科学性、和防疫风险(图 10-9)出猪台应方便装猪、避免猪只掉头返回、便于消毒、污水不倒流回猪场和猪舍,并有明确的脏区、净区界限划分。

图 10-9　出猪台

有条件的猪场出猪台内存在中转栏,通过中转栏,将出猪台划分为净区、缓冲区、脏区,猪只流动必须为单向进行,不可掉头返回,同时人员和工器具也必须按照分区定位管理(图 10-10)。同时出猪台必须配备监控摄像头,通过摄像头监控及确保出猪台操作人员严格按照相关操作规范执行。

建立简易的二次周转出猪台能够更有效地降低生物安全风险,需要关注的是场外转运车必须为专车专用,不与场内部有任何交叉接触(图 10-11)。

四、饲料供应

饲料车是重要的疫病传播载体,散装料车需要以猪场围墙为脏区净区分界线,散装料打料车必须确保不进入猪场围墙,在围墙外(脏区)开展打料操作,直接打到猪场内的料塔里(净区)从而确保杜绝猪场内部与外部车辆的接触(图 10-12)。

没有料塔使用袋装饲料的场,饲料车停在指定的停车区(脏区),在灰区有专人

114

图 10-10　分区定位

图 10-11　二次中转出猪台

卸车,猪场员工不得参与卸饲料,运至饲料消毒间,烟雾消毒 6 h 以上后,由猪场员工经消毒通道放入生产区饲料仓库。没有专门饲料消毒间而是将料直接卸入饲料仓库的,应在饲料仓库卸入口划定明确的脏区、净区界线,入口平台与车轮之间有一定的高度差。

五、道路

确定猪场的"脏道"(收集死猪和胎衣车辆、粪车等)和"净道"(员工上下班道路、猪场内部料车道

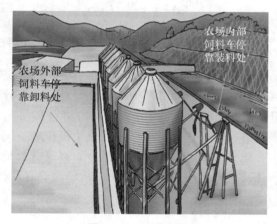

图 10-12　中转料塔

路)严格区分。脏道行驶车辆和净道行驶车辆严格定位管理,禁止交叉道路行驶。

六、车辆洗消中心

在洗消中心需确定脏净区和脏净路。洗消中心外设立围栏,脏区:卡车进入后清洗、消毒烘干区域;净区:烘干后车辆停放区。脏路:进入洗消中心的道路;净路:离开洗消中心的道路。从净区驶出后的车辆只能从净路离开洗消中心,脏路和净路为2条路径,不交叉。

七、食堂

食堂相对于生产区被定义为污区。因此,禁止除厨房工作人员以外的任何猪场员工或访客进入厨房和食材存放区,厨房工作人员严禁进入生产区,除非采取相应的生物安全措施并得到批准。厨师需要猪场员工帮忙后,再次进入净区(生产区)前必须再次隔离2 d。在厨房内工作的所有人员必须穿戴特定的衣服、鞋子和帽子,离开时脱掉并洗手和消毒。所有使用过的餐具清洗、干燥和消毒。厨房垃圾使用不渗水的塑料袋打包后由厨房工作人员运到消毒房,再由门卫运至场外处理。厨房工作人员和生产区员工宿舍应分开,不得住同一房间。

八、死猪处理

死猪处理点应设置在远离生产区围墙外。生产区为净区,而围墙外死猪处理点为脏区,运输死猪人员和车辆严禁与场外污区接触,同时应采取相应的生物安全措施。

第二节　精液管理

在现代化养猪生产中人工授精是必不可少的技术,然而多种疫病可以通过精液传播,如伪狂犬、蓝耳病等。此外精液对不同的病原带毒时间也有所不同。没有受污染的精液是保证安全生产的前提,本节将重点叙述公猪精液的生物安全管理以确保精液不受污染。

一、外购精液的生物安全管理

外购精液需由供精方每次提供相关病原检测报告且签字确认,保证供精公猪在临床上稳定同时所采精液实验室检测相关病原阴性。运输精液前需要对保温箱(图10-13)或者恒温箱(图10-14)进行彻底清洗,消毒并干燥,将精液放置到消毒

115

处理好的保温箱或恒温箱后按照指定路线运送到猪场。到达猪场后需更换包装将精液运输到场部精液储存间,在放入冰箱保存前,必须使用酒精或1∶200卫可进行擦拭。

图 10-13　保温箱

图 10-14　恒温箱

116

二、内部精液的生物安全管理

公猪在采精前确保采精室干净卫生,假畜台经过清洗消毒干燥后使用,防止在采集过程中污物掉落到采精杯里,如果采精公猪体表有太多赃物,需事先冲洗干净并抹干体表水渍,采精前可用清水清洗包皮口的赃物,采精时通过按摩阴茎鞘排空包皮内的积液。用一次性纸巾清洁包皮区域,当公猪射精时,需丢弃开始和最后射出的精液,以降低病原体污染的概率。

采精时采精员消毒手臂并佩戴双层一次性无菌乙烯基塑胶手套(图 10-15),外层手套用于关门、移动公猪以及刺激阴茎,第二层干净手套用于采精。采精杯应该在采精的前一天准备好,并储藏在清洁、密封、卫生的地方备用。采精杯内层使用一次性袋子或聚苯乙烯泡沫塑料杯,并带配有无菌双层纱布或单层的滤纸。为了减少污染,纱布和滤纸均为一次性使用;外层塑料杯可重复使用,每天用高温洗碗机清洗。滤纸用完后在公猪舍内丢弃,不要带进实验室。

采精人员需戴好口罩,避免口腔液飞沫污染到精液,采精结束后短时间内去除滤纸,通过传递窗或气压管输送系统给到精液处理室。

实验室重复使用的器械如烧杯,玻璃棒等需做彻底清洗和消毒,每进行一头猪的精液制备都需更换一次干净的设备。稀释和分装人员全程佩戴口罩和一次性塑胶手套,避免飞沫和双手对精液造成污染。

保存精液的保温柜需充分密闭,并于精液移走后使用消毒水擦拭保温柜内外,保证保温柜清洁卫生,不会交叉污染精液。

运输精液时需要至少准备三个精液箱,1号公猪舍内、2号道路转运、3号舍内使用;精液使用三层塑料袋包装,每更换一次精液箱前,去掉一层包装。

异常猪场的公猪精液需要在每次使用前对公猪口腔液和精液同时采样,进行抗原监控,避免精液传播疫病的风险。

每月对下列项目进行抗原监控来评估精液是否可能污染:原精、稀释精液、实验室器材、稀释剂容器、容器管道、纯净水。实验室工作结束,人员离开后需打开紫外灯照射2 h以上(图10-16)。

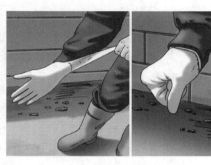

图 10-15　戴手套

图 10-16　化验室卫生

117

第三节　猪只流动管理

一、引种生物安全管理

(一)采样监控

总则:供种场、引种场、所有接触猪只的工器具和车辆全部采样监控,确保过程安全。

(1)供种场进行猪只抗原检测、赶猪道、出猪台、赶猪人员衣物及工器具、内部车辆抗原检测。

(2)运输车辆开展抗原检测

(3)引种场进行赶猪道、出猪台、赶猪人员衣物及工器具、内部车辆抗原检测

(二)猪只运输

(1)车辆行驶路线严格按照规划要求进行。

(2)车辆中途禁止停靠,尤其休息站和农贸市场。

(3)司机全程禁止下车,一旦需要下车,需更换隔离服和水鞋。

(三)猪只入场

(1)运猪车到达引种场门口,车辆在门卫使用 1∶150 安灭杀进行全方位消毒,并静置 15 min 后前往装猪台进行卸猪。

(2)卸猪人员仅限场内员工、驻场人员,禁止外雇人员参与,禁止返场隔离人员、无害化、污水站等风险人员参与。

(3)所有参与卸猪、赶猪人员在作业前洗澡淋浴。

(4)装猪台人员按照脏区、净区、缓冲区的分区进行定位管理,包括人员使用的工器具。

(5)卸猪和赶猪人员穿各分区专用水鞋和隔离服,带装猪台专用手套进行赶猪。

(四)隔离观察

(1)引种猪只到场后需在专用隔离舍内由专人进行饲养,至少 21 d 后才能交叉饲养多批次。

(2)猪只到场后每天使用 1∶200 卫可消毒,持续 1 周。

(3)每天认真观察每一头猪,严格执行异常猪只日报制度。

二、仔猪出栏生物安全管理

仔猪出栏流程如图 10-17 所示。

(一)采样监控

总则:确保猪只抗原无异常,确保参与猪只转运的车辆和环境、工器具抗原无异常。

(1)仔猪出栏(出栏)前进行猪只抗原检测、赶猪道、出猪台、赶猪人员衣物及工器具、内部车辆抗原检测。

(2)外部运输车辆开展抗原检测。

(二)分区管理要点

(1)猪舍装猪口和外部装猪口均按照净区、缓冲区、脏区进行分区。

(2)各个分区内人员和工器具严格定位管理,禁止进入其他分区。

(三)猪舍出猪要点

(1)人员和工器具按照分区严格定位管理,禁止交叉。

（2）猪赶出猪舍门口后，不允许返回猪舍，且禁止舍内员工出门口。

（3）不同猪舍内赶猪工具禁止交叉使用，应单独配套。

（4）猪舍内赶猪工具禁止与场区赶猪工具交叉使用。

（5）转猪结束后，对猪栏及赶猪通道等进行彻底清理、清洗，并使用20％石灰乳进行消毒。

（6）各区段赶猪的工器具每次使用后进行清洗消毒。

（7）完成消毒后，人员到洗消间换下衣服、鞋子浸泡消毒，洗澡更衣。

（四）出猪台出猪要点

（1）人员和工器具按照分区严格定位管理，禁止交叉；重点关注从猪场内部转运车赶猪的人员绝对禁止与猪场外部装车人员有交叉接触。

（2）有出猪缓冲室的猪场，必须在外部车辆达到前将猪只装入缓冲室，禁止内部卸车与外部装车同步开展。

（3）赶猪时，设置猪只单向通道，禁止猪只回头返回。

（4）赶猪结束后对出猪台及赶猪工器具进行彻底洗消。

（5）最后将专用衣物和水鞋使用1∶200卫可浸泡后清洗。

119

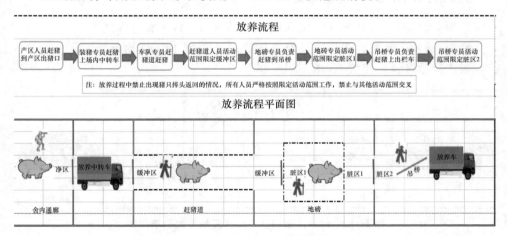

图10-17 仔猪出栏流程示例图

三、死猪及胎衣生物安全管理

（1）生产区死猪和胎衣均在下班前进行运输，运输后下班，不再返回接触猪只。

（2）生产区运输死猪和胎衣人员禁止与场内转运车有任何形式的接触，有条件的可设定生产区暂存点，由车队人员每天下班前进行回收处理。

（3）死猪需要使用裹尸袋或塑料薄膜进行包裹，确保口鼻和后躯无体液流出，污染环境。

（4）场部无害化人员回收病死猪后转运至场外无害化，交接过程中禁止与外部人员接触。

（5）所有参与人员在作业结束后使用1：200卫可洗手、淋浴换衣、衣物使用1：200卫可浸泡。

四、母猪上产床、断奶生物安全管理

（1）异常猪场在转运前必须进行猪只、转运环境、工器具、车辆、转运衣物的抗原监控。

（2）异常猪场的所有猪只周转都需要使用塑料纸和无纺布进行隔挡，确保猪只行走环境安全。

（3）参与转运的人员越少越好，减少人员交叉带来的疫病风险。

（4）转运结束当天完成道路和工器具的洗消及白化工作。

五、猪只淘汰生物安全管理

总则：人员和工器具分区定位管理，猪只单向流动，车辆过程洗消。

管控：缓冲区和脏区工作人员配备执法记录仪，监控工作执行情况。

淘汰口分区及操作规范（图10-18、图10-19）。

图 10-18　猪场内部淘汰口分区及操作规范示例图

重要事项：

（1）外部淘汰口区域需建设完善淋浴条件，缓冲区卸猪人员作业结束后直接在淘汰口周边洗澡淋浴。

（2）外部淘汰口的脏区装车人员必须为场区外围人员，工作、生活等均与场区内部人员和环境无交叉。

（3）内部淘汰中转车使用规范。

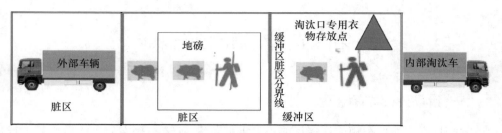

图 10-19 猪场内部淘汰口分区及操作规范示例图

1. 作业审批：作业前两天对车辆进行采样监控（淘汰口缓冲区一同采样监控）。

2. 车辆改造：车厢必须进行密闭，确保猪只粪便不会在转运过程中残留在道路上。

3. 车辆配置：各场至少 2 辆淘汰车，用于单日多舍连续作业或正常淘汰异常淘汰区分。

4. 车辆流动：规划脏道行驶，最大化减少公共道路交叉。

5. 拉猪顺序：按照猪场风险等级进行，由低风险向高风险顺序开展。

6. 过程洗消：连续作业时每次接触外部淘汰口卸猪后均视为一次新的作业，必须将车辆进行消毒静置及烘干后才能返回生产区再次拉猪。

7. 人员管控：内部淘汰车驾驶员全程禁止下车，作业前更换专用衣物和水鞋，作业后使用 1∶200 卫可浸泡专用衣物和水鞋 30 min 后冲洗。

8. 车辆洗消：洗消位置进行单独规划，禁止与其他车辆同一地点洗消。

9. 发泡（1∶150 安灭杀加强渗）→清洗（热水高压清洗）→消毒（1∶150 安灭杀加强渗）→烘干（60 ℃烘干 1 h）→白化（20% 石灰乳加 2% 火碱）。

场区道路洗消：

1. 拉猪作业结束后对车辆行驶的道路进行检查，存在粪便残留的地方第一时间使用石灰粉覆盖并清理。

2. 车辆行驶道路使用 1∶150 安灭杀进行喷洒消毒。

3. 以上工作必须在生产区人员下班前完成（特殊情况调整生产区人员下班时间）。

4. 次日粪便残留区域开展 20% 石灰乳加 2% 火碱白化工作。

121

第四节 车辆流动管理

一、猪场外部车辆管理

总则：所有外部车辆前往猪场前均需审批备案，所有车辆在使用前后均需进行彻底的洗消，所有外来车辆严禁进入猪场大门内。

(一)仔猪出栏车

1. 使用前进行抗原监控，尤其在转运异常猪场的猪只后，必须确保检测合格方可投入下次使用。

2. 前往猪场装猪前到洗消中心进行洗消烘干。

3. 到达猪场门卫后消毒静置 15 min 再前往装猪台装猪，关注驾驶室的喷雾和擦拭消毒。

4. 原则上司机禁止下车，必要下车时更换猪场专用水鞋和衣物，并佩戴猪场的干净手套。

运输途中禁止停靠，尤其农贸市场、其他猪场、屠宰场等区域。

(二)种猪转运车

1. 使用前进行抗原监控，尤其在转运异常猪场的猪只后，必须确保检测合格方可投入下次使用。

2. 前往猪场装猪前到洗消中心进行洗消烘干。

3. 到达猪场门卫后消毒静置 15 min 再前往装猪台装猪，关注驾驶室的喷雾和擦拭消毒。

4. 原则上司机禁止下车，必要下车时更换猪场专用水鞋和衣物，并佩戴猪场的干净手套。

(三)淘汰车

1. 使用前进行抗原监控，确保车辆安全。

2. 前往猪场装猪前到洗消中心进行烘干消毒。

3. 到达猪场门卫后消毒静置 15 min 再前往装猪台装猪，关注驾驶室的喷雾和擦拭消毒。

4. 司机禁止下车。

5. 单日内禁止多次作业，禁止多猪场作业。

(四)饲料车

1. 专场专用,禁止交叉配送,空车进饲料厂之前前往洗消中心洗消烘干。

2. 到达猪场门卫后消毒静置 15 min 再前往打料,关注驾驶室的喷雾和擦拭消毒。

3. 司机下车时更换猪场专用水鞋和衣物,并佩戴猪场的干净手套。

4. 司机和车辆禁止进入猪场围墙内。

(五)物料车

1. 单日内仅允许配送一个猪场,配送前洗消中心洗消。

2. 到达猪场门卫后消毒静置 15 min 再卸货,关注驾驶室的喷雾和擦拭消毒。

3. 司机禁止下车,必要下车时更换猪场专用水鞋和衣物,并佩戴猪场的干净手套。

4. 司机和车辆禁止进入猪场围墙内。

(六)送菜车

1. 股份集中采购后消毒周转至养殖配送车。

2. 配送车辆每日仅允许配送一个生产单元。

3. 前往生产单元前到洗消中心洗消。

4. 每次配送前、后需要对车辆进行消毒,消毒剂可选择卫可,消毒浓度1∶200。

5. 包括车体和货箱内,驾驶室进行擦拭消毒,配送完成后再次进行消毒。

6. 车辆到达猪场门卫后消毒静置 15 min 再卸货,关注驾驶室的喷雾和擦拭消毒。

7. 司机禁止下车,如需下车则更换猪场专用水鞋和衣物,并佩戴猪场的干净手套。

(七)私家车

饲料厂、猪场员工私家车禁止进入场区内部,在外围设定专用停车场。

(八)环保站车辆

外部拉粪车(无害化残渣)、燃气车等车辆前往猪场前,至洗消中心外围消毒点进行消毒,到达猪场外部环保站时都必须在环保站门口消毒静置 15 min 后前往作业点。

二、猪场内部车辆管理

总则:作业审批、专车专用、脏净分道、过程洗消、定点洗消(脏车、净车分开)、

123

不同车辆和不同作业时更换专用衣物和水鞋、司机先开展净区工作,后开展脏区工作。

(一)物资转运车

1. 外部物资倒装车与内部物资分批车辆必须严格区分,禁止使用相同车辆。

2. 外部物资倒装车每次使用后进行抗原监控。

3. 内部物资配送时按照生物安全等级顺序开展,禁止无序配送。

4. 配送运输过程中司机禁止下车。

5. 每次使用后进行彻底清洗、消毒、烘干。

(二)饲料车

1. 按照生物安全等级顺序进行打料,异常舍最后打料。

2. 小包料运输车需在靠近每排猪舍前进行彻底洗消和静置,禁止连续作业无洗消措施。

3. 饲料运输为净区工作,需在脏区工作前开展。

4. 每天作业结束后进行消毒及烘干。

(三)猪只转运车

1. 车辆确保密闭,猪只运输过程中粪尿杜绝遗留在路上。

2. 异常猪场在猪只转运前必须对转运车辆进行抗原监控,确保车辆合格。

3. 车辆单纯往返 AB 出猪台时不开展过程洗消,但存在 C 出猪台作业的情况下,需前往 C 出猪台前进行车辆洗消及静置。

4. 猪只转运时禁止其他脏车作业交叉行驶。

5. 作业结束后查看经过的道路有无粪便残留,并清扫清理,火碱浇泼、石灰乳覆盖。

6. 作业结束后车辆进行彻底的洗消、烘干、白化。

(四)死猪及胎衣回收车

1. 过程洗消,每次靠近无害化处进行卸车后都必须严格洗消、静置。

2. 按照各个猪舍的疫病风险及生物安全等级顺序进行拉猪。

3. 死猪及胎衣回收过程中司机禁止下车,由内部无害化专员负责在车厢上进行人工处理。

4. 每天作业结束后对车辆进行彻底的洗消、烘干、白化。

(五)拉粪车

1. 车辆确保密闭,运输过程中杜绝粪便遗留在路上。

2. 拉粪车作业为每天最后一项作业,避免粪便遗留污染道路。

3. 拉粪作业后查看经过的道路有无粪便残留,并清扫清理,火碱浇泼、石灰乳覆盖。

4. 每天作业结束后对车辆进行彻底的洗消、烘干。

(六)淘汰车

1. 车辆确保密闭,猪只运输过程中粪尿杜绝遗留在路上。

2. 异常猪场在猪只转运前必须对转运车辆进行抗原监控,确保车辆合格。

3. 严格的过程洗消,连续作业时,每次靠近淘汰室后都需将车辆彻底洗消、静置。

4. 淘汰车猪只转运时禁止其他车辆作业交叉行驶。

5. 作业结束后查看经过的道路有无粪便残留,并清扫清理,火碱浇泼、石灰乳覆盖。

6. 作业结束后车辆进行彻底的洗消、烘干、白化。

注意:若明确淘汰猪只为异常猪时,淘汰车洗消需另设专用洗消点,避免公共洗消点污染其他车辆,同时选取的专用洗消点必须确保无人员和车辆流动交叉,避免污染周边。

第五节　人员流动管理

一、人员入场流程

人员入场登记:确保人员 3 d 内未接触生猪养殖、交易、屠宰等风险场所。

洗手消毒:入场人员使用 1:200 卫可洗手消毒。

物品检查:入场物品由门卫进行开包检查,禁止携带生鲜产品及偶蹄动物制品。眼镜、手机、钥匙、手表、电脑等随身物品使用酒精擦拭,其他物品臭氧熏蒸 24 h 后取回。

更换鞋子:个人鞋子在脏区内用 1:200 百胜-30 浸润的消毒垫进行踩踏消毒后存放在脏区,人员跨越隔挡后换上猪场提供的干净鞋子。

喷雾消毒:人员进入喷雾消毒通道,1:200 卫可喷雾 2 min。

洗澡淋浴:在淋浴间脏区换下个人衣物并用 1:200 卫可浸泡 30 min 后清洗,禁止拿回宿舍。淋浴结束后更换猪场提供的干净隔离区衣物和隔离区鞋子。

单向流动:人员入场流程严格执行单向流动,禁止掉头返回(图 10-20、图 10-

21)。

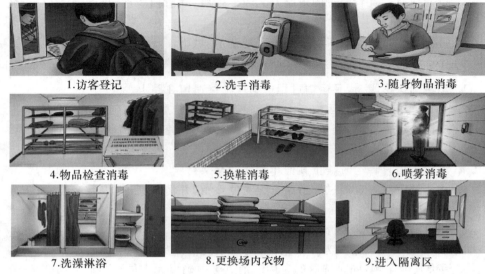

1.访客登记　　　　　　2.洗手消毒　　　　　　3.随身物品消毒

4.物品检查消毒　　　　5.换鞋消毒　　　　　　6.喷雾消毒

7.洗澡淋浴　　　　　　8.更换场内衣物　　　　9.进入隔离区

图 10-20　人员入场流程

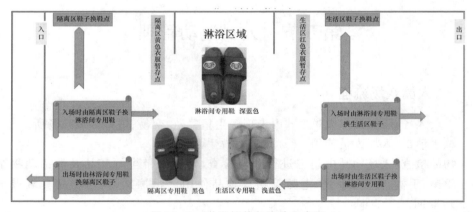

图 10-21　淋浴间单向流动示意图

二、隔离区人员流动管控

(1)不同日期返场人员禁止在同一宿舍隔离。

(2)隔离期间禁止私自离开隔离区。

（3）隔离期间若到食堂、场外进行帮工，则返回时需冲洗开始隔离流程。

（4）隔离 48 h 后，前往二次淋浴间，在淋浴间脏区换下隔离区衣物，淋浴后在淋浴间净区换上猪场提供的干净生活区衣物和水鞋。

（5）人员隔离结束后，隔离服和隔离宿舍的床单、被套等全部使用 1：200 卫可浸泡 30 min 后清洗。

三、生产区人员流动管控

（1）员工进出生产区一律按照统一行动原则，以便相互监督生物安全要求的执行与落实。

（2）每次进出生产区都必须严格落实洗澡淋浴，并更换衣物的要求。

（3）淋浴间设计必须符合单向流动的原则，脏区净区不交叉，脏区换鞋点配备脚踏消毒垫。

（4）淋浴前使用酒精擦拭眼睛、手机、水杯等随身物品。进入生产区时在脏区换下生活区鞋子，穿淋浴间专用拖鞋淋浴，将生活区衣物挂在脏区，淋浴结束后在淋浴间净区更换生产区衣物，并更换生产区水鞋。

（5）各场条件不同，换鞋次数与流程可差异化，但必须坚守一个原则，与猪直接接触的猪舍内定义为绝对净区，猪舍内的水鞋禁止出猪舍，猪舍外的水鞋禁止进猪舍。

（6）上班期间严格按照派工制进行工作开展，禁止蹿舍，禁止私自帮工。

（7）一人饲养多舍的情况下，若存在淋浴条件，则每次更换猪舍作业必须淋浴换衣。

（8）猪舍内外使用的水鞋在不穿时一律清洗干净后浸泡在消毒液内。

（9）每天下班后统一清洗工作服，1：200 卫可浸泡 30 min 后冲洗。

四、风险人员流动管控

(一)门卫

猪场与外部接触最多的岗位，因此门卫需限定活动范围，禁止进入生活区、生产区，减少与隔离区的交叉，同时禁止到食堂帮工。门卫需要离开限定范围时必须经场长审批，并按照相关流程进行洗澡、换衣。

(二)污水处理

污水处理站与猪场分别独立运行，禁止接触场内人员，自行解决就餐问题。

127

（三）无害化处理

外部无害化操作人员：需在无害化点起居，杜绝与场部人员接触，无害化作业时穿专用水鞋和衣物，作业结束后使用 1：200 卫可浸泡 30 min 后冲洗，每次下班后都必须淋浴。

猪场内部病死猪回收人员：需在作业前更换专用衣物，作业结束后使用 1：200 卫可浸泡 30 min 后冲洗，每次下班后都必须淋浴并使用酒精擦拭眼镜和手机等随身物品。同时猪场内部病死猪回收人员宿舍需选定独立区域，减少与生产区人员交叉，杜绝与其他工种人员混合宿舍。

（四）食堂人员

食堂操作间为相对脏区，食堂人员每天上班需要更换专用衣物和水鞋，并使用 1：200 卫可洗手。食堂内杜绝帮工，人员帮工后必须按照隔离流程进行隔离。

食堂操作间双向供餐，分别向生活区和隔离区供餐，外部人员禁止进入食堂。每天下班后衣物使用 1：200 卫可浸泡 30 min 后清洗，并使用酒精擦拭眼镜和手机等随身物品。同时食堂人员宿舍需划定在隔离区独立范围，减少与其他人员交叉，杜绝与其他工种人员混合宿舍。

（五）车队人员

车队人员上班统一执行淋浴、换衣操作，禁止穿生活区衣物开展作业。不同作业分别配置不同颜色的衣物和水鞋，整体原则为不同作业的车辆分别配置专用的驾乘人员衣物和鞋子。主要分为：饲料和物资运输、病死猪和胎衣运输、粪便运输、断奶上床猪只转运、淘汰猪转运、淘汰室定位衣物、出猪台定位衣物。

车队业务开展必须按照先净区工作，后脏区工作的原则，例如：拉完死猪后拉猪舍内物资的情况是绝对禁止的。

下班后必须开展淋浴和换衣工作，并使用酒精擦拭眼镜和手机等随身物品。同时每天班后将衣物使用 1：200 卫可浸泡 30 min 后进行清洗。（注：是每次下班后都必须洗澡换衣，包括中午，绝对禁止车队人员未淋浴换衣返回食堂和宿舍）。

（六）维修电工

维修、电工人员流动流程同车队人员，必须在上班前淋浴，更换维修屋衣物和水鞋再开展作业，杜绝维修屋作业过程穿生活区衣物和鞋子。

若需前往猪舍开展作业，则必须经场长审批同意，按照生产区人员进入猪舍流程进行淋浴换衣。同时进入不同的猪舍需要穿不同猪舍的衣物，多个猪舍作业时必须请示场长或兽医进入不同猪舍作业的风险顺序。

猪舍内衣物和维修屋内衣物均需每天使用 1：200 卫可浸泡 30 min 后清洗，

并使用酒精擦拭眼镜和手机等随身物品。

(七)统计保管

进入猪舍进行数据盘点时按照生产区人员进入猪舍的流程开展。前往出猪台和淘汰室开展对外业务时,必须在作业点更换衣物和水鞋,杜绝衣物和水鞋离开风险作业点。作业期间人员定位在缓冲区,禁止接触猪只,禁止接触脏区人员和工具,禁止接触净区人员和工具。

作业结束后就地将作业衣物和水鞋进行清洗和消毒(1∶200卫可浸泡30 min),禁止将风险作业衣物和水鞋穿回生活区洗消。离开对外作业风险点前,使用1∶200卫可洗手、酒精擦拭手机、眼镜等随身物品。返回淋浴间淋浴后,再将往返出猪台的衣物进行清洗消毒并淋浴更换干净的生活区衣物。

第六节 物资流动管理

129

总则:多级消毒隔离、多级去包装;能浸泡的浸泡消毒,不能浸泡的擦拭和熏蒸消毒。

一、分场物资配送

(1)药品、疫苗、饲料等禁止供应商直接送货到猪场,必须先送货到养殖公司消毒静置后配送。

(2)药品、疫苗的配送车辆必须每次使用前、使用后使用1∶200卫可进行内外彻底消毒,配送时杜绝不同猪场同一天配送的情况(一场、二场可视为一个整体),必须同一天内连续配送时,需要按照生物安全等级顺序进行。

(3)饲料配送车必须专场专用,禁止一辆配送车向多个猪场配送物资。

(4)食堂物资配送必须为猪场专用配送车辆,禁止配送其他公司菜品,并且每个猪场食堂每周配送一次,每天只进行一个猪场的菜品物资配送。

(5)设备材料配送由第三方直接开展,禁止同一天内向两个不同猪场开展配送工作。

二、入场人员物品

(1)禁止快递人员入场,必要快递物资必须经场长审批,并且在门卫外去包装后进场,根据物品种类进行1∶200卫可擦拭或浸泡后臭氧熏蒸12 h后取回(图10-22)。

（2）禁止携带生鲜产品、禁止携带偶蹄动物相关制品、禁止携带火腿肠、方便面等。

（3）眼镜、手机、钥匙、手表等随身物品使用酒精擦拭消毒后入场。

（4）熏蒸消毒间通过镂空的置物架隔断，形成脏区净区分界线，脏区放置物品，净区取用（图 10-23）。

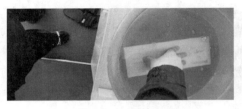

图 10-22　浸泡消毒

图 10-23　脏净区划分

三、饲料管控

（1）散装料由料车在猪场围墙外直接打入猪场围墙内的料塔。

（2）小包料在卸车时，由猪场人员换专用的隔离服和水鞋进行卸货，卸货后 1∶200 卫可清洗消毒。

（3）小包料在饲料库内密闭熏蒸 24 h 后才能向生产区分配。

（4）小包料禁止原包装进生产区，必须将原包装去掉后，使用料车分配或内部消毒的饲料袋分配。

（5）多个猪舍连续配送时必须按照场长及兽医要求的生物安全等级顺序进行。

四、动保产品

（一）物资接收（图 10-24）

1. 卸车时，由猪场人员换专用的隔离服和水鞋进行卸货，卸货后 1∶200 卫可清洗消毒。

2. 药品去包装后放入熏蒸间密闭熏蒸（烟雾或抽烟）24 h 后转入药品库。

3. 疫苗去包装后使用酒精或者 1∶200 卫可擦拭，并使用专用倒运箱转运至疫苗库的冰箱内。注意去包装擦拭时间不可过长，确保 5 min 内完成单件大包装的转运，避免温度过高疫苗失效。

（二）进入生产区（图 10-25）

1. 生产区领用物资除疫苗外全部提前 24 h 出库到生产区二次熏蒸间，臭氧

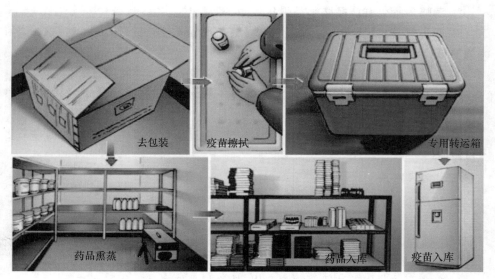

去包装　　　　　疫苗擦拭　　　　　　　专用转运箱

药品熏蒸　　　　　　　　　　　药品入库　　　疫苗入库

图 10-24　动保产品接收流程

131

熏蒸 24 h 后进舍。

2. 疫苗现领现用,裸包装入舍,并使用酒精或 1∶200 卫可擦拭后才能进舍。

3. 能够浸泡的动保产品裸包装进行 1∶200 卫可 15 min 浸泡后才能进入猪舍。

图 10-25　动保产品进舍流程

五、食堂物资

(一)物资接收

1. 食堂禁止采购猪肉类及其他偶蹄动物类相关制品。

2. 鸡鸭鱼等生鲜产品必须品牌化保障,密封包装。

3. 卸车时,由猪场人员换专用的隔离服和水鞋进行卸货,卸货后 1:200 卫可清洗消毒。

4. 生鲜产品使用 1:200 卫可浸泡半小时后放入食堂冰箱储存。

5. 蔬菜等在门卫去包装后倒入猪场内部菜筐内,并熏蒸隔离 12 h 后进入食堂蔬菜间。

6. 燃气、调味品、餐厨工具等使用 1:200 卫可进行喷雾消毒或浸泡消毒后进入食堂。

(二)猪只宰杀

1. 猪场杀猪前必须经过抗原检测,检测合格方可宰杀。

2. 猪只宰杀点选择远离生产区无其他人员流动的地点,宰杀结束后所有工器具和环境进行彻底洗消,使用 1:200 卫可消毒。

3. 食堂接收猪肉后立即进行分割煮熟工作,杜绝冰箱内存生肉的情况。

4. 食堂存放猪肉的冰箱必须为专用,杜绝与其他食品使用同一冰箱。

5. 猪肉处理结束后对所有使用的工器具和食堂环境进行清洗,餐厨工具使用开水煮沸 30 min,食堂环境使用 1:50 柠檬酸消毒。

(三)人员就餐

1. 异常情况下猪场禁止烹饪凉菜,所有菜品必须经过高温烹饪。

2. 所有人员均在食堂就餐,禁止返回宿舍就餐,生产区禁止携带食品。

3. 猪舍内隔离人员送餐时使用一次性塑料袋多级包装,到淋浴间去一层包装,到猪舍去一层包装。

4. 猪舍内隔离人员必须定点就餐并远离猪只,餐余垃圾集中回收处理,禁止露天丢弃在猪舍内。

5. 餐厨工具必须每天使用蒸柜高温蒸煮或开水蒸煮 30 min。

6. 餐余垃圾。

7. 有条件的猪场使用破碎机冲入下水道,无相关条件的猪场设定专用泔水桶集中回收。

8. 泔水桶每天清空并使用 1:200 奋斗呐灭蝇,3% 火碱水消毒。

9. 泔水倾倒点必须远离猪舍,杜绝泔水露天堆放,并且倾倒点必须每天使用 3% 火碱水消毒。

六、猪舍内工器具

(一)交叉使用的工具(图 10-26)

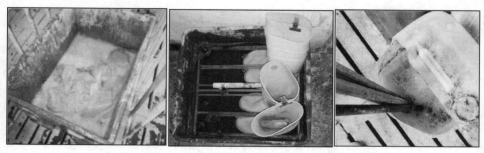

图 10-26　猪舍内工具使用后浸泡消毒

1. 维修人员的工器具在每次进出生产区前后都必须使用 1:200 卫可擦拭或浸泡消毒,若同一天内多个猪舍连续作业,则必须按照生物安全等级顺序开展作业,并在每个猪舍作业结束后使用 1:200 卫可擦拭工器具并静置 15 min。

2. 背膘仪、B 超机、磨牙棒、断尾钳等交叉使用的工器具每天只能在一个舍内使用,禁止多舍交叉使用,并且每次使用 1:200 卫可擦拭消毒,并在夜间使用臭氧和紫外线熏蒸 12 h。

3. 免疫使用的注射器和针头是重要的交叉工具,每次使用后必须彻底清洗并高压灭菌消毒。

4. 交叉使用的消毒机是非常容易忽视的疫病传播媒介,消毒机每次使用后必须对枪头、枪线使用 1:200 卫可进行擦拭消毒,并对清洗机的电动机进行除尘除污及擦拭消毒。

(二)专舍专用的工具

1. 猪舍内直接接触猪只的水鞋和隔离服禁止出猪舍门口,每天下班前彻底清洗并浸泡在消毒液内。

2. 猪舍内的所有集体操作都必须遵循先健康群体后发病群体的顺序。

3. 料铲、笤帚、粪铲等专舍专用的工器具需要增加单舍内的数量,杜绝一个工器具进行整舍的卫生清理,根据猪舍结构的分布可按照区域或按照通槽等区分使用工器具。

4. 猪舍内的卫生清理工具在每次使用后进行彻底的清洗并浸泡在 1:150 安灭杀中。

5. 套猪器严格执行一猪一换原则,套猪后将套猪器完全浸泡在 1∶200 卫可中 15 min 才能套下一头猪,若猪舍内存在异常情况,则单次作业所有套猪器只使用一次,使用后浸泡消毒,次日使用。

第七节　猪舍内操作管理要点

一、通用操作管理

(1)禁止饲喂泔水和场区青草等。

(2)猪只流动全进全出、禁止奶妈猪、禁止跨舍寄养。

(3)免疫、治疗严格执行一猪一针头。

(4)持续开展酸制剂饮水工作,现场测定 pH,确保猪只终端饮水 pH 在 3.5～3.8。

(5)舍内卫生清理的工器具进行编号分区使用,禁止一个工具开展全舍工作。

(6)异常猪只日报制度,每天喂料结束后,第一时间反应上报异常猪只情况。

二、公猪站操作管理

(1)公猪站全部独立饲喂、独立饮水,确保每头公猪的饲喂过程不交叉。

(2)每天公猪站负责人进舍首先饲喂公猪,观察公猪有无采食异常,确保无异常后再采精。

(3)采精操作中所有需要使用到的物资,包括采精杯、采精杯盖、一次性采精袋、过滤纸、橡皮筋、被毛剪、干净抹布、玻璃棒、采精手套,在采精开始前全部在烘干箱内烘干处理。

(4)每头公猪精液制备均更换消毒干燥的新工具和材料(含量杯、导管等)。

(5)采精前采精员戴双层手套对公猪包皮及腹部用消毒液(1∶200 过硫酸氢钾复合物)擦拭消毒后开始采精操作。

(6)精液分装好后,放入消毒过的泡沫箱内,进行三层包装,分配转运时逐级去包装。

(7)公猪舍精液箱、道路转运精液箱、舍内精液箱,每换一次箱子去掉一层包装。

(8)每天下班前对所有工器具和精液箱以及采精台进行清洗消毒(1∶200 卫可)。

134

三、单体栏妊娠舍操作管理

（1）对脸猪只、水槽隔断（图 10-27），使猪只接触最小化。

图 10-27　物理隔挡的设定

（2）测孕、测背膘等操作每日仅进行一个舍，相关设备仪器每次使用前和使用后使用 1∶200 卫可擦拭，并使用紫外线和臭氧密闭熏蒸 12 h。

（3）配种操作时严格洗手消毒，禁止冲洗母猪外阴，仅使用一次性纸巾进行擦拭。

（4）异常猪只处理时需穿专用隔离服和水鞋，并带双层采精手套，处理结束全部洗消。

四、哺乳舍操作管理

（1）禁止匀料、禁止使用一个工具进行全舍产床卫生清理、料槽清理。

（2）仔猪出生 24 h 内完成寄养，禁止在仔猪出生 24 h 后寄养，异常舍完全杜绝寄养。

（3）避免喂料过多导致剩料，影响异常猪只观察效果。

（4）全群操作时按照各栏的生物安全风险等级开展，先健康后异常。

（5）断尾、补铁、去势、免疫等操作减少参与人数，减少交叉，尽可能本舍人员独立分批完成。

（6）去势时一窝仔猪更换一次刀片。

（7）打耳牌和耳刺时耳牌提前使用 1∶200 卫可浸泡 30 min 后开展。

五、大栏饲养管理

（1）按顿饲喂，便于观察猪只采食和异常情况。

（2）最小化调栏，异常舍完全杜绝调栏。

（3）降低饲养密度，减少疫病传播风险。

（4）尽可能减少进栏巡栏交叉，栏外观察治疗。

135

（5）期初的定位管理非常重要，减少进栏清粪交叉。

（6）干清粪式的大栏，在清粪时需每栏更换一次水鞋和衣物，或每天上午清理共用一个料槽的两个栏，并清洗衣物；下午再更换衣物和水鞋清理共用一个料槽的两个栏。

第八节　猪场其他生物控制

一、蚊蝇控制

（一）环境治理

控制和清除滋生地，猪场最重要的滋生地是粪池，粪池是灭蝇工作的重点。用化学药物法灭杀成蝇和苍蝇幼虫，猪舍安装纱窗进行隔挡，门窗随时关闭。灭蝇重点布控区域：

1. 滋生地：粪堆、垃圾堆、污水沟、杂草堆。

2. 猪舍内垫料床及粪沟，猪舍内外墙体。

3. 猪舍建筑物周围绿化带。

4. 排水沟、污水井直接将稀释液倒入，进行幼虫防控。

5. 食堂、泔水桶、垃圾堆。

（二）药物防控：药物防治（奋斗呐）

1. 滞留喷洒：200～300 倍稀释，全面、到位、足量喷洒。

2. 空间喷洒：60 倍稀释。

3. 纱窗、沙门涂抹：80～100 倍稀释，注意缝隙。

4. 灭蝇条制作：80～100 倍稀释，浸泡、阴干。

（三）工作安排

1. 3—5 月：灭苍蝇幼虫（每月全场灭杀 2 次以上）。

2. 6—10 月：灭成蝇＋灭幼虫（每月全场灭杀 4 次以上）。

3. 11 月：灭苍蝇幼虫（每月全场灭杀 2 次）。

注意：粪池是猪场最重要的苍蝇滋生地，每周最少要对滋生地喷药一次，由于粪池面积较大，背负式喷雾器喷雾距离有限，可以采用高压喷雾器对粪池进行喷药。

二、灭鼠管理

（一）环境治理

1. 灭鼠前彻底清除垃圾，控制不符合规定储存的粮食、食品、包装物等，特别是餐饮剩饭剩菜需密封保管，厨余垃圾及时密闭清运。

2. 外环境可供鼠食用的遗弃食品及积水及时清理。

3. 及时清除猪舍外围的杂草。

4. 料塔周边出现饲料残渣必须第一时间清理。

（二）灭鼠操作规程

1. 公司统一实施全场灭鼠工作。

2. 各场关注场内鼠类的活动情况，如发现鼠类增多，请立即与健康管理中心联系。

3. 健康管理中心根据猪场要求合理安排灭鼠工作，并通知饲料厂准备灭鼠所需物资。

4. 灭鼠工作猪场顺序：健康管理中心根据猪场健康度确定灭鼠工作顺序。从每个猪场到下一猪场按照人员入场操作流程执行。

5. 猪舍周围及时喷洒灭草剂，降低周边杂草。

三、防鸟管理

（1）及时清除路面散落的饲料等鸟类食物，避免吸引鸟类进场。

（2）定期检查猪场内所有大门（包括猪舍、洗车房、出猪台/房、消毒间等），在未使用时尽量保持关闭，防止鸟类进入停留，机械性带入病原的风险。

（3）重点关注空舍时窗户关闭情况以及夏季窗户关闭情况。

四、其他野生动物管理

（1）定期检修猪场围墙，发现破损及时修补，避免野生动物进入。

（2）发现场内猫、狗、其他野生动物及时驱赶。

137

第九节　清洗消毒

一、消毒剂的选择与应用

(一)非瘟病毒在猪场内各种被污染物中的存活时间

污染物	存活时间/d	存活条件
一般环境	30	常温
猪圈/围栏	30	15～30 ℃
猪粪	11	室温
饲料	30	常温
土壤	30	常温
带血木板	70	23 ℃以下
死猪尸体	105以上	冷冻
冷鲜肉	105	常温

(二)消毒剂的选择与应用

消毒对象	消毒剂	消毒浓度	使用方式	消毒时间/min
池内粪污泥	强碱 氢氧化钠	3%	喷雾、浇泼覆盖	10
池内粪污泥	强酸 盐酸	3%	喷雾、浇泼覆盖	10
设备设施表面	强碱 氢氧化钠	3%	喷雾、浇泼覆盖	30
设备设施表面	过硫酸氢钾	0.50%	喷雾/发泡/浸泡	30
设备设施表面	戊二醛	2%	喷雾/发泡/浸泡	30
木材表面	柠檬酸	0.20%	喷雾、浇泼覆盖	30
无法冲洗表面	戊二醛	2%	气雾、熏蒸、发泡	30
舍外硬化地面	石灰乳＋火碱	20%＋2%	喷雾、浇泼覆盖	30
舍外未硬化地面	去渣生石灰	2 kg/m²	覆盖	洒水粉化

二、猪舍洗消

工作步骤	细节重点
清理	猪舍内饲料、兽药、工器具整理及擦拭、浸泡消毒（1∶200卫可）
清扫	猪舍内粪污
工具准备	准备清洗机几相关管线、绝缘护具等
浸泡	使用强渗发泡浸泡或火碱发泡浸泡30 min
冲洗	使用清洗机或清洗车进行彻底冲洗，确保无死角
消毒	冲洗合格后使用1∶150安灭杀进行全方位消毒
白化	干燥后使用20％石灰乳＋2％火碱喷洒
半通风干燥	通风6 h
熏蒸	再次进猪前将所需材料工具提前准备入舍，并密闭熏蒸12 h

注意：每项操作步骤结束后必须由主管检查，签字确认后才能进行下一步操作！

139

三、生产区环境洗消

（1）在料塔、屋顶等区域安装驱鸟器，料塔底部撒石灰粉和火碱驱鸟。

（2）清除猪场内所有杂草，并喷洒除草剂，持续管控杂草。

（3）20％石灰乳＋2％火碱喷洒场区道路及两侧2 m范围土壤，并将土壤使用粉化的石灰块进行覆盖（2 kg/m²）。

（4）20％石灰乳＋2％火碱喷洒猪舍周边5 m地面，并将土壤使用粉化的石灰块进行覆盖（2 kg/m²）。

（5）2％火碱喷洒死猪掩埋区，均匀洒水后用新鲜的生石灰覆盖，覆膜。

（6）生产区淋浴间、通廊等开展灰尘清理和全面擦拭工作，使用1∶200卫可或1∶50安灭杀，擦拭结束后进行1∶150安灭杀发泡消毒。

（7）生产区厕所使用20％石灰乳＋2％火碱全面白化覆盖。

（8）无害化粪及猪尸污自然发酵6个月以上。

（9）将生产区内所有辅助生产的房间（兽医室、物品库等）使用烟雾熏蒸密闭熏蒸12 h后通风干燥，并使用臭氧消毒机每日夜间进行密闭熏蒸，日间通风。

四、隔离区、生活区洗消

（1）将宿舍所有个人物品集中烘干或浸泡处理后，统一静置。

（2）地面用1∶200卫可拖洗，宿舍内所有家具和家电使用1∶200卫可擦拭。

（3）床单、被套等床上用品集中清洗，使用1∶200卫可浸泡30 min后冲洗。

（4）衣服和鞋集中消毒（1∶200 卫可浸泡 30 min）、清洗、烘干（65 ℃,1 h）

（5）宿舍空间使用紫外线和臭氧进行 24 h 密闭熏蒸后通风入住。

（6）娱乐室、后勤办公室、会议室等空间处置同员工宿舍。

五、食堂洗消

（1）食堂进行彻底的大扫除,清理各点油污残留,使用洗洁精浸泡擦拭。

（2）使用 1∶50 柠檬酸溶液进行食堂全方位喷雾消毒。

（3）食堂菜板等木质材料全部进行废弃无害化,并采购塑料材质产品。

（4）餐厨用品使用后使用蒸柜进行蒸煮消毒或开水蒸煮消毒（1 h 以上）。

（5）食堂空间于夜间开展紫外线和臭氧消毒,白天通风后进入工作。

（6）食堂人员上下班需更换专用衣物和鞋子,并使用 1∶200 卫可洗手。

（7）保持食堂单向流动,禁止无关人员进入食堂范围。

六、车辆洗消

（1）浸泡:使用 1∶150 安灭杀作为水源,发泡枪加强渗,调整刻度 3,进行全方位发泡。异常车辆使用 3％火碱进行浸泡后全面冲洗。

（2）冲洗:发泡 30 min 后使用高压清洗机全方位冲洗。

（3）冲洗结束后彻底清理车辆清洗区域的粪污,并对冲洗区域进行消毒（1∶150 安灭杀）、白化（20％石灰乳＋2％火碱）。

（4）消毒:1∶150 安灭杀全方位发泡;驾驶室使用 1∶200 卫可喷雾及擦拭。

（5）烘干:沥水后 65 ℃烘干 1 h。

（6）白化:消毒干燥后,使用 20％石灰乳＋2％火碱进行全方位白化。

七、出猪台洗消

（1）清理:冲洗前确保环境内无已清洗干净未穿着的衣物和工器具,避免冲洗过程中污染。

（2）浸泡:使用 1∶150 安灭杀作为水源,发泡枪加强渗,调整刻度 3,进行全方位发泡,异常出猪台使用 3％火碱进行浸泡后全面冲洗。

（3）冲洗:发泡 30 min 后使用高压清洗机全方位冲洗。

（4）消毒:冲洗干燥后使用 1∶150 安灭杀全方位发泡。通风干燥后使用火焰喷枪对出猪台进行高温喷射消毒。

（5）白化:消毒干燥后使用 20％石灰乳＋2％火碱进行全方位白化。

八、无害化洗消

（1）专人负责，定点居住，不与任何区域人员交叉，无居住条件的进行多级洗澡换衣操作后回单独宿舍（宿舍划定风险区域，减少与其他人员的交叉）

（2）异常垫料使用塑料纸覆盖封存，每周检查温度。

（3）无害化车间使用 1∶50 安灭杀进行全方位发泡消毒，每天执行一次。

（4）猪只无害化所用的转运设备，每天使用 1∶50 安灭杀消毒。

（5）无害化车间使用 20% 石灰乳＋2% 火碱进行全方位白化，每周执行一次。

（6）无害化车间 10 m 周边杂草清除，土壤使用石灰粉覆盖（2 kg/m²）。

第十一章　洗消中心生物安全体系

第一节　人员流动管控

1. 人员驾驶需烘干的车辆由入口(专用通道)进入烘干站。
2. 入场后由烘干站人员进行车辆冲洗检查,对冲洗不合格车辆遣返。
3. 烘干站人员进行车辆信息登记,驾驶人员认真阅读安全要求,并签字确认。
4. 烘干站人员检查车辆及烘干设备的安全隐患,存在隐患的禁止进入烘干房。
5. 驾驶人员将车辆驶入烘干房。
6. 驾驶人员从烘干房出口离开,前往东门进入人员淋浴间。
7. 驾驶人员在淋浴间脏区脱下原有衣物。
8. 驾驶人员在淋浴间淋浴至少 5 min。
9. 驾驶人员在淋浴间净区更换新的水鞋和工作服,在休息室等待烘干。
10. 淋浴间内单向流动,禁止返回。
11. 烘干结束后,驾驶人员由烘干站内部道路前往烘干房。

第二节　车辆流动管控

1. 车辆进入洗消中心需走专用通道。
2. 烘干结束后停入洗消中心内部指定停车位静置 15 min 后离开。
3. 车辆在烘干站内单向流动,严禁掉头返回。
4. 若存在多辆车排队烘干或驾驶员过夜离开的情况,脏车一律在待洗消专用停车场内等待。
5. 净车一律在洗消完毕车辆专用停车场等待。

第三节 物流管控

1. 驾驶人员的工作服由烘干站提供,烘干站人员每天下午进行衣物的清洗消毒。
2. 消毒要求为 1∶200 卫可浸泡 30 min 后冲洗。
3. 驾驶人员进入烘干站时,上次离开时所穿着的衣物和水鞋在淋浴间脏区换下。
4. 驾驶人员淋浴后更换净区已经清洗消毒的衣物和新的鞋套。
5. 洗消中心禁止私自携带任何外来偶蹄动物相关肉制品。

第四节 洗消中心流程布局

洗消中心流程布局如图 11-1 所示。

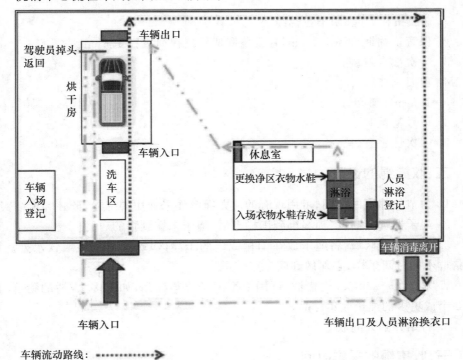

图 11-1 洗消中心流程布局图

第十二章 生物安全防控实用规章程序

第一节 口腔液采集操作程序

一、采样用品

1. 3 股扭在一起、未染色棉绳。
2. 保育猪棉绳直径 1.3 cm,育肥猪和成年猪棉绳直径 1.6 cm。
3. 一次性自封袋。
4. 剪刀。
5. 1.5 mL 离心管。
6. 记号笔。
7. 一次性手套。

二、收集绳的设置

1. 为节约棉绳的使用,可用现有的尼龙绳绑住采样用的棉绳,务必绑定结实。
2. 绳子捆绑的高度:棉绳绑到围栏上后,绳子末端到猪的肩膀。
3. 绳子固定区域:将绳子放在围栏或门的干净区域,远离饲料或饮水处。同一猪群不同时间采样,必须做到固定点采样。
4. 对于 25～30 头/栏猪群,可用 1 个绳子收集样品,如更多头/栏的猪群,需要 2 个或更多的绳子收集样品。
5. 打结并解开绳股。

三、收集绳的采样时间

在猪较活跃的时候采样,绳子应该放到猪舍内 20～30 min,确保大部分猪能够充分接触到绳子。

四、收集样品

戴上一次性手套,防止污染口腔黏液样品。将绳子湿的一端放入干净的自封袋中。挤压绳子,让液体聚集在袋子里。

五、样品转移到样品管

切掉自封袋的一个角,让液体流入样品管中。样品收集管用 1.5 mL 离心管。样品收集后,把绳子、自封袋等焚烧处理,不能重复使用。

六、样品包装、保存和运输

每栏或每舍的每份样品,单独包装,确保离心管已密封好,标记清楚。
猪口腔采样见图 12-1。

145

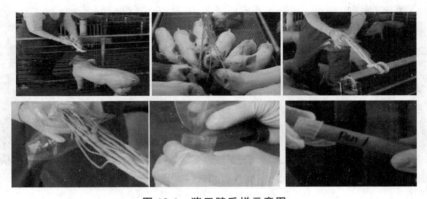

图 12-1　猪口腔采样示意图

第二节　鼻拭子采样操作程序

一、采样用品准备

(1)15 cm 大头棉签(高压灭菌)。

(2)1.5 mL 离心管(高压灭菌)。

(3)高压灭菌盐水(加入灭菌离心管内)。

(4)一次性手套。

(5)套猪器。

（6）记号笔。

二、采集步骤

（1）使用套猪器绑定猪只，注意绑定猪鼻子后部，避免棉签不可深入鼻腔。

（2）确诊异常进行普检时，套猪器均为一次性使用，用后1∶200卫可浸泡，不再重复使用。

（3）戴一次性手套后，手持灭菌棉签斜45°角插入鼻腔中线附近，约10 cm深，先逆时针旋转2～3圈，再顺时针旋转2～3圈。

（4）将棉签头折断到加灭菌盐水的离心管中。

（5）每采一个样品更换一次性手套和棉签、离心管。

（6）每栏或每舍的每份样品，单独包装，确保离心管已密封好，标记清楚。

（7）样品包装袋使用酒精擦拭，放入冰箱前再加套一层包装，避免污染冰箱。

（8）如保存时间短（24～48 h），4 ℃冷藏保存；如保存时间长（>48 h），请冷冻。

（9）转运样品时注意冷链运输，尽量早送达实验室。

猪鼻腔棉拭子采样见图12-2。

图 12-2　猪鼻腔棉拭子采样示意图

第三节　环境纱布拭子采样操作程序

一、采样用品准备

（1）医用纱布块（高压灭菌）。

（2）灭菌生理盐水。

（3）一次性自封袋，或精液采集袋。

（4）一次性手套。

（5）记号笔。

二、采集步骤

1. 戴一次性手套,将采样纱布使用灭菌盐水彻底浸润、湿透。

2. 手持纱布对认定的风险区域进行涂抹采样,涂抹时以选定中心点,不断旋转涂抹,扩大涂抹范围。

3. 环境采样时单位点风险区需要选择多个涂抹采样点,重点为死角区域。

4. 将纱布放入干净的自封袋中,底角开口,将液体挤入离心管。

5. 每采一个样品更换一次性手套和纱布、自封袋。

6. 每个区域的样品单独包装,确保离心管已密封好,标记清楚。

7. 样品包装袋使用酒精擦拭,放入冰箱前再加套一层包装,避免污染冰箱。

8. 如保存时间短(24~48 h),4 ℃冷藏保存;如保存时间长(>48 h),冷冻保存。

9. 转运样品时注意冷链运输。

猪场环境纱布拭子采样见图 12-3。

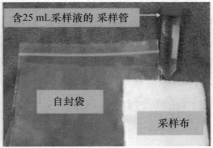

含25 mL采样液的 采样管

自封袋

采样布

图 12-3　猪场环境纱布拭子采样示意图

第四节　外部人员入场操作程序

1. 场外人员入场前,门卫要了解其最近 1 周的行程,是否到过猪场、屠宰场,提醒其阅读入场须知。

2. 如有行李需要带入猪场,将行李放入物品消毒室,如有箱包,将其打开,门卫从内侧门打开臭氧发生机熏蒸消毒。

3. 入场时踩脚消毒垫、洗手、更换拖鞋。

4. 门卫在浴室的场内一侧为进场人员准备衣物。

5. 进场人员将个人衣物放置在消毒室,不得带入场内。

6. 进场人员淋浴消毒。

7. 进行入场登记并申明自己的隔离时间及未携带动物源性食品。

8. 门卫对走廊、外更衣室进行喷雾消毒或臭氧消毒 15 min。

9. 进入隔离区的人员需要隔离 48 h(最少 2 晚上 1 白天)才能够进入生活区及生产区。

10. 进入生产区同样需要登记及严格的淋浴。

第五节　人员入场淋浴操作程序

1. 到场后更换猪场提供的拖鞋,个人的鞋子放在指定的位置。

2. 把所有个人物品放在物资消毒室(脏区),不允许携带除眼镜外的任何个人物品进入淋浴间。

3. 在淋浴间衣物储存室更换所有的衣物。

4. 淋浴时请使用洗发水和香皂,淋浴后不允许返回更衣室,如确需返回的必须重新淋浴。如携带眼镜必须彻底冲洗。

5. 任何人任何时候进入内更衣室,都保证是刚淋浴过的,里面有场内提供的衣服、鞋袜、拖鞋等。

6. 离开时不允许把内更衣室的衣物带到外更衣室。

第六节　物资入场消毒程序

一、入场要求

所有进入饲料厂、猪场的物品必须符合以下要求:

1. 设备和物品(日常用品、药品等)应是新的,并只有经过消毒,且在门卫监督执行下才能进场。

2. 任何已经接触过猪或有污染危险的东西都不能进场。

3. 不易消毒处理的物品(如建材等)应处一周的空置管理。

二、整体流程

1. 中心库消毒缓冲→各单位接受消毒缓冲→各单位库存缓冲消毒→各单位

生产现场缓冲消毒。

2. 去包装、倒包装原则，外部包装不进入生产单元。

3. 设备和物品放入物料消毒间时，此时室内为脏区，朝向场内一侧的门必须是关闭的。

4. 场外进入的人在放置完物品后立即进行消毒，在消毒未完成前内外的门均不得打开。

5. 消毒完成后可打开场内侧的门，此时室内为净区，可搬运物品入场。

三、消毒方式

1. 紫外线、臭氧熏蒸：适用与食堂菜品、个人随身物品、集中采购的生活日用品，消毒 4 h 后周转取用。

2. 烟雾熏蒸：二氯异氰尿酸钠烟熏剂 5 g/m³，熏蒸饲料、原料、大件设备设施等密闭熏蒸 12 h。

3. 擦拭：手机、手表、电脑、钱包等随身物品酒精擦拭。

4. 喷雾：所有不怕水湿的密闭包装设备设施，使用 1∶200 卫可或 1∶150 安灭杀喷雾消毒。

5. 浸泡：针对进入猪舍的密封物品，最后进入猪舍前裸包装 1∶200 卫可浸泡 30 min 以上进入。

第七节　空舍后的冲洗操作程序

一、空舍后的冲洗-冲前准备

1. 设备准备

(1)高压水枪。

(2)清洁剂。

(3)消毒剂。

(4)个人防护用品：雨衣、绝缘手套、绝缘水鞋。

(5)扫帚。

(6)铲子。

2. 以下程序在空栏后执行

(1)清除所有剩余的记录纸，设备和一些冲洗时用不着的工具。

（2）把加热灯和其他可搬动的电器设备拿到屋外。

（3）清理剩在料槽中的饲料。

（4）如有补饲料槽：取出并清理其中饲料。

（5）用铲子铲起粪便，把它们铲入漏粪板或粪池中。

（6）铲除过道中的粪便和废弃的饲料。

（7）扫除其他的垃圾。

（8）检查房屋是否受损，如需要应及时维修。

（9）如果风扇是不防水的需切断电源，用刷子刷干净风扇的罩子、风叶、防护罩。

（10）用软刷子刷干净温度计、电源插座、电源控制柜，温度感应器（不用水）用蘸有温水和按生产商推荐浓度而配制的消毒液擦拭一遍。

（11）确保所有的防水插座和电源控制柜的门已经关严。

（12）用防水布或塑料纸把环境调控设备盖严，包实，防止被冲湿。

二、空栏后的冲洗-浸泡和冲洗

1. 使用高压清洗机进行泡沫清洁剂发泡，浸泡 30 min。

2. 穿上雨衣，使用国家法律所要求的防护设备，如绝缘水鞋、手套。

3. 确保清洗机的压力在安全工作范围以内。

4. 浸泡完毕后，将水压调整至平常冲洗水压。

5. 对于"人"字形屋顶的冲洗：

（1）以屋脊开始向下冲至与屋檐齐。

（2）从房间的最远端倒退着冲洗到入口处，冲洗所有的墙、地板、栏杆、门、料槽和饮水管道。

（3）房间冲完后，调整至适当压力，冲洗防水风扇、空气进出口、通道。

6. 如果是平顶：按上面的程序，天花板和其他部分可以一起冲，不分先后。

7. 确保所有的有机物都被冲洗干净。

8. 颠倒料槽，使其控干。

9. 拆掉碗式饮水器。

10. 主管或兽医检查，如不合格重新冲洗。

11. 打开风扇至最大功率，让房间干燥一夜。

12. 按照安全有效的要求，收好清洗机和其他设备。

150

三、空栏后的冲洗-消毒

（1）穿上雨衣,使用国家法律所要求的防护设备,如绝缘水鞋、手套。

（2）确保清洗机的压力在安全工作范围以内。

（3）消毒剂使用量:根据产品说明书推荐的稀释浓度配好消毒剂,计算猪舍表面积,稀释后的消毒剂用量为 $100\ mL/m^2$ 。

（4）开始喷雾。

（5）从房屋最远端倒退着向入口处喷洒,所有地方,尤其是屋脊、屋檐角落和其他一些不易喷洒到的地方都要喷到。

（6）喷完后,清洗容器及消毒机。

各环节消毒应用见表 12-1。

表 12-1　各环节消毒剂应用范围名称及比例

消毒点	消毒剂名称	消毒剂浓度	备注
场外消毒点	安灭杀	1：800	
猪场大门车辆消毒池	火碱	3％	冬季需要增加抗冻剂
脚踏池/桶	火碱	3％	
猪场空栏消毒	安灭杀	1：150	
带猪消毒(视具体而定)			
	百胜-30	1：300	处于疫情敏感或发病时期：1：100 倍
	卫可	1：300	处于疫情敏感或发病时期：1：250 倍
阉割/脐带/伤口消毒	聚维酮碘	5％原液	
各猪场门口车辆消毒	百胜-30	1：300	
洗衣房	卫可	1：250	衣物清洗

四、空栏后的冲洗-白化

1. 石灰乳的配制操作流程

（1）向料车内加入 145 kg 水。

（2）向水中加入 17 kg 食盐,将盐和水充分混合 1 h。

（3）盐和水混合 1 h 后向水中加入石灰块 17 kg,白灰和盐水混合至少 10 min。

（4）经过至少 10 min 的混合后再加入 17 kg 石灰块,混合过夜,混合时间大于 12 h。

（5）使用前再向料车内再次加入 43 kg 水。

2. 从房屋最远端倒退着向入口处喷洒,所有地方,尤其是屋脊、屋檐角落和其

他一些不易喷洒到的地方都要喷到。

3. 喷完后,清洗容器及消毒机。

冲洗完毕后,打开门窗或风扇至最大功率,让房间干燥一夜。

第八节　服装(水鞋)管理程序

一、分配、保管

1. 新员工进场,由门卫做好隔离服(水鞋)的领取记录,公司后勤人员工作服实施专人专用管理。

2. 员工更换隔离服或水鞋须做好更换记录。

3. 对隔离服(水鞋)要进行妥善保管,做到随用随取,并保持储物间环境的整洁。

二、消毒

各养殖场门卫为入场管理的第一责任人。负责公共隔离服(水鞋)的保管、清洗工作,做到用后即清洗,衣物无异味,水鞋无污物黏附。

猪场、饲料厂生产人员每天下班后进行衣物清洗,使用 1∶200 卫可浸泡30 min 后清水冲洗

三、工作服分类

各场区根据生物安全要求均划分为以下四大区域:隔离区、生活区、生产区、风险区。各区域间严禁交叉,不同区域须穿着不同颜色工作服。

第九节　人员应急进场程序

一、外部要求

1. 通知技术总监,了解场内猪群情况;确定人员和日期,接受公司监督。

2. 入场前 3 d 内不接触公司和公司以外的养殖场、屠宰场和其他畜产品加工厂和人员。

3. 不接触兽医、动保、饲料等相关行业的从业人员。

4. 完成在公司后勤的 3 d 有效隔离,制定检查工作计划书。

二、内部要求

经过入场淋浴消毒,更换场内工作服或隔离服(靴)后,在消毒室臭氧消毒 15 min 后,佩戴头套、口罩后进入生产区;尽量减少和猪群的接触。

三、工作报告

1. 对所到区域做出客观评估,形成文字报告。

2. 限当日内完成整理,报负责人审批是否可入场。

四、其他

1. 如周边地区发生严重疫情时,经公司评估后停止该项工作。

2. 遇公司不允许的其他情况,由公司领导和技术总监决定。

153

第十节　疫苗运送管理程序

一、对疫苗供应商的要求

1. 疫苗的运输必须用冷藏箱,且放置冰排或冰袋。可以用班车运输,但必须在保温箱中多加冰块,运到时保温箱中冰块不能全部融化,箱体不能破损,否则不予入库。

2. 供应商将疫苗发出后,需通知供应部,明确发货时间和接货时间,供应部记录发货时间和接货时间。

3. 疫苗接收后,供应部需对疫苗保存状况进行检查,检查内容包括:冰袋是否融化、运输箱是否破裂、疫苗是否异常(疫苗运输过程中设置连续温度计,接收后将数据导出,查看温度变化情况)。

4. 供应部发现异常后及时与供应商沟通(疫苗箱内温度控制在 2~8 ℃,超过范围予以退货)。

二、疫苗的分发

1. 从公司总仓库到各场运输，必须专车专运，并且疫苗运输箱中多加冰块，箱体密封，不能破损。

2. 疫苗分发时，供应部与各场保管约定到场时间，保管提前到门卫处接货。

3. 疫苗接收后，保管需对疫苗保存状况进行检查，检查内容包括：冰袋是否融化、运输箱是否破裂、疫苗是否异常。

4. 去掉外包装后使用酒精或 1：200 卫可擦拭疫苗瓶，并使用猪场内部消毒的工器具转运至冰箱。

三、双方确认

1. 供应部与疫苗供应商确认接货情况。

2. 供应部与猪场保管确认接货情况。

四、猪场常用疫苗检查方法

1. 对于灭活疫苗重点查看有无分层现象（此类疫苗需要冷藏保存，严防冻结）。

2. 到场疫苗在保温箱未开启之前使用温度计测定箱内温度，超出 8 ℃予以退货。

第十一节　引种操作程序

一、种猪引种前准备

（1）检测报告及检疫手续准备：供种公司需要出具第三方有资质的相应抗原/抗体检测证明，与政府沟通，开局相关证明，确保猪只在运输过程中顺利进行。

（2）栋舍准备：通过严格洗消/消毒，至少连续 3 次以上的采样检测阴性，栋舍内彻底白化，方可达到进猪条件；场内转猪路线提前规划，根据不同猪场条件，需要设定内部中转车辆的，必须在转猪前对路线和车辆再次采样送检，确定阴性，彻底白化，准备进猪。

（3）外部车辆及跟车人员准备：根据引种数量确定好运输车辆，减少运输次数；司机人数根据引种路程确定，长距离运输需要两名司机，做好替班，提前准备好食物，减少路途中停车次数；提前准备司机及跟车人员的专用衣物及鞋子。

二、车辆的洗消与检测

（一）洗消前检查

1. 驾驶室、工具箱内禁止存放杂物（衣服、鞋子、手套、工具、篷布等）。

2. 车体不得有猪毛、猪粪及淤泥等残留。

（二）清洗消毒

1. 从驾驶室内彻底清扫泥土及其他杂物后，取出垫子彻底清洗和消毒，并用浸泡消毒剂的毛巾擦拭整个驾驶室（使用 1∶200 卫可）。

2. 1∶150 安灭杀进行全方位发泡消毒，注意打开所有挡板，消毒车辆底盘。

3. 按照从上到下，从内到外的顺序使用高压清洗机进行彻底清洗，静置 15 min 后用卫可（1∶200）对内部装猪的表面，车辆表面、底盘和所有的工作区域再次彻底消毒。

4. 车辆到洗消中心 60 ℃烘干 40 min，烘干后采样、静置等待检测结果。

三、运输过程管控

（1）路上携带检疫证、准运证，常规检测报告和非洲猪瘟检测报告。

（2）每个车上两个司机，每个司机开车不超过 4 h。

（3）车辆在运输过程中除加油/加水外不停车。

（4）除非动检要求停车和下车，否则司机不允许下车和接触动检人员。

（5）由于不可抗因素下车时在下车前需要穿戴好特定隔离服，鞋套，乳胶手套后方可下车进行操作，结束后将隔离服、鞋套和乳胶手套脱掉装到装备好的密闭自封袋中，同时脚禁止直接接触地面。

（6）严格按照指定路线行驶，及时和客户保持沟通。

四、种猪引种后续工作

（1）卸猪过程中人员分工，严格按照分区管理，避免人员器具交叉。

（2）猪只转移结束后对车辆，猪只经过的所有区域进行洗消白化。

（3）引种后专人专栋隔离饲养至少 21 d，猪只到场后进行非洲猪瘟抗原检测。

（4）群稳定后（至少 1 周）可以按照公司免疫方案进行免疫保健。

补充事项：

（1）参与转猪的人员需要提前 2 d 隔离，并采样监控合格，接猪时更换检测合格的衣物和隔离服、水鞋，佩戴多层乳胶手套。

155

(2)引种前 3 d 猪场报备参与引种接猪的人员名单进行风险审批。

第十二节　猪只淘汰操作程序

总则:人员和工器具分区定位管理,猪只单向流动,车辆过程洗消。

管控:缓冲区和脏区工作人员配备执法记录仪,监控工作执行情况。

猪场内部淘汰口分区及操作规范见图 12-4 和图 12-5。

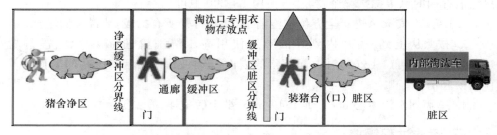

图 12-4　猪场内部淘汰口分区及操作规范示例图

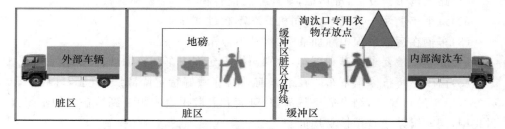

图 12-5　猪场内部淘汰口分区及操作规范示例图

一、内部淘汰中转车使用程序

(1)作业审批:作业前两天对车辆进行采样监控(淘汰口缓冲区一同采样监控)。

(2)车辆改造:车厢必须进行密闭,确保猪只粪便不会在转运过程中残留在道路上。

(3)车辆配置:各场至少 2 辆淘汰车,用于单日多舍连续作业或正常淘汰异常淘汰区分。

(4)车辆流动:规划脏道行驶,最大化减少公共道路交叉。

(5)拉猪顺序:按照猪场风险等级进行,由低风险向高风险顺序开展。

（6）过程洗消：连续作业时每次接触外部淘汰口卸猪后均视为一次新的作业，必须将车辆进行消毒静置及烘干后才能返回生产区再次拉猪。

（7）人员管控：内部淘汰车驾驶员全程禁止下车，作业前更换专用衣物和水鞋，作业后使用 1∶200 卫可浸泡专用衣物和水鞋 30 min 后冲洗。

（8）车辆洗消：洗消位置进行单独规划，禁止与其他车辆同一地点洗消。

（9）发泡（1∶150 泡可净）→清洗（热水高压清洗）→消毒（1∶150 过硫酸氢钾）→烘干（60 ℃烘干 1 h）20 min。

二、场区道路洗消

（1）拉猪作业结束后对车辆行驶的道路进行检查，存在粪便残留的地方第一时间使用石灰粉覆盖并清理。

（2）车辆行驶道路使用 1∶150 安灭杀进行喷洒消毒。

（3）以上工作必须在生产区人员下班前完成（如遇特殊情况可调整生产区人员下班时间）。

（4）次日粪便残留区域开展 20%石灰乳加 2%火碱白化工作。

注意事项：

（1）各场外部淘汰口区域均需建设完善淋浴条件，内部缓冲区卸猪人员作业结束后直接在淘汰口周边洗澡淋浴。

（2）各场外部淘汰口的脏区装车人员必须为场区外围人员，工作、生活等均与场区内部人员和环境无交叉。

第十三节　育肥猪出栏操作程序

总则：人员和工器具分区定位管理，猪只单向流动。

人员分工：净区猪舍内由生产区人员负责；缓冲区赶猪由车队充栏负责；脏区装猪由外围专员负责。

育肥猪出栏口分区见图 12-6。

一、外来出栏车辆管理

1. 必须出具烘干站烘干消毒证，检查车辆冲洗干净后在门卫消毒静置 15 min 后前往装猪台。

2. 司机一律禁止下车，若需下车必须更换场部提供的专用水鞋和衣物，并且

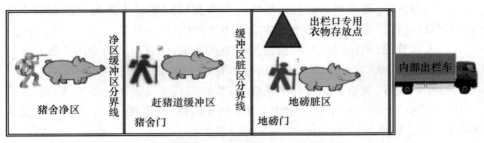

图 12-6　育肥猪出栏口分区示例图

禁止进入场部。

3. 外部人员一律禁止登上出猪台。

二、出栏舍管理

1. 尽可能地减少生产区参与出栏赶猪的人员数量,赶猪结束后必须洗澡,更换衣物才能回自己的舍工作。

2. 若出栏舍为一次性清栏,则及时开展洗消工作,杜绝无关人员与空舍的交叉。

3. 若出栏舍非一次性清栏,务必保持专人饲养,减少交叉饲养其他舍猪只。

补充事项:

1. 各场外部出栏口区域均需建设完善淋浴条件,内部缓冲区赶猪人员作业结束后直接在出栏口周边洗澡淋浴。

2. 各场外部出栏口的脏区装车人员必须为场区外围人员,工作、生活等均与场区内部人员和环境无交叉。

第十四节　消毒药使用程序

一、消毒药使用规范

消毒是疫苗免疫与药物防治的有效补充,是猪场传染病控制的重要措施,是猪场生物安全体系的中心内容,贯穿于规模化养猪模式下的全部生产环节,应该引起高度重视,不能掉以轻心。所以对消毒剂的选择、使用等事项就特别重要。

二、种猪场常用消毒药分类及使用场所（表 12-2）

表 12-2 种猪场常用消毒药分类及使用场所

消毒剂	类别/成分	浓度/稀释	外观	消毒方式	消毒对象
卫可	过硫酸氢钾类	1∶200	粉红/灰色粉末	喷洒、雾化、擦洗、浸泡	环境、物资、车辆、人员、动物等
百胜-30	复合碘类	1∶200	深棕色液体	喷洒、雾化	环境、物资、车辆等
氢氧化钠（火碱）	强碱类	2%～3%（有效氯）	无色透明液体（NaOH 溶液）	喷洒、浸泡	环境、靴子、车轮
次氯酸钠	次氯酸盐类	40 mg/m³（20 mg/kg）	浅黄色液体	喷洒、雾化	环境
臭氧	臭氧	1∶200	—	熏蒸	食材、物资
冬季防冻	消毒液中添加 10%丙二醇＋使用温水（次氯酸类 15 ℃,其他消毒液 30 ℃）				
消毒方式	喷洒（配合高压冲洗消毒机）、雾化（配合雾化机,密闭环境）、发泡（需消毒剂本身具备发泡功能＋配合发泡机、熏蒸（密闭环境）				
作用时间	足够的作用时间,才能有效杀灭病原。喷洒、雾化、发泡等方式消毒保持作用时间 30 min;臭氧熏蒸 3 h;浸泡（洗手、脚踏、车轮）、人员雾化至少保持 3 min				
注意事项	1. 清洁状态下的干燥是有效的消毒方式;2. 步骤:清理-清洗-干燥-消毒-干燥;3. 计算好用量,现配现用;4. 参与喷洒消毒的人员注意自身防护（如防护服、水靴、手套、口罩、眼罩等）,同时也避免消毒人员与被消毒对象的交叉污染;5. 雾化与熏蒸空间须保证密闭性,密闭消毒后应通风或等待 30 min 以上再进入（当使用的消毒剂有较大刺激性时）				

三、消毒场所

（一）栏舍消毒

1. 空栏消毒

洗消前准备:高压冲洗机、清洁剂、消毒剂、抹布及钢丝球等设备和物品,猪只转出后立即进行栏舍的清洗、消毒。

物品消毒:对可移出栏舍的物品,移出后进行清洗、消毒。注意栏舍熏蒸消毒前,要将移出物品放置舍内并安装。

水线消毒:放空水线,在水箱内加入温和无腐蚀性消毒剂,充满整条水线并作

用有效时间。

栏舍除杂:清除粪便、饲料等固体污物;热水打湿栏舍浸润 1 h,高压水枪冲洗,确保无粪渣、料块和可见污物。

栏舍清洁:低压喷洒清洁剂,确保覆盖所有区域,浸润 30 min,之后高压冲洗。必要时使用钢丝球或刷子刷洗,确保祛除表面生物膜。

栏舍消毒:清洁后,使用不同消毒剂间隔 12 h 以上分别进行两次消毒,确保覆盖所有区域并作用有效时间,之后风机干燥。

栏舍白化:必要时使用石灰浆白化消毒,避免遗漏角落、缝隙。熏蒸和干燥:消毒干燥后,进行栏舍熏蒸。熏蒸时栏舍充分密封并作用有效时间,熏蒸后空栏通风 36 h 以上。

2. 日常清洁

栏舍内粪便和垃圾每日清理,禁止长期堆积。发现蛛网随时清理。病死猪及时移出,放置和转运过程保持尸体完整,禁止剖检,及时清洁、消毒病死猪所经道路及存放处。

3. 使用的消毒剂

卫可(1∶200 倍稀释)、百胜-30(1∶200 倍稀释)、火碱(2%)等消毒剂。清洗栏舍顺序:清理杂物→冲洗→检查→打发泡剂浸泡 30 min→清洗→干燥→两次消毒→抽样检测→空舍 7 d。

(二)场区环境消毒

1. 场区外部消毒

外部车辆离开后,及时清洁、消毒猪场周边所经道路。

2. 场内道路消毒

定期进行全场环境消毒。必要时提高消毒频率,使用消毒剂喷洒道路或石灰浆白化。猪只或拉猪车经过的道路须立即清洗、消毒。发现垃圾即刻清理,必要时进行清洗、消毒。

3. 使用的消毒剂

卫可(1∶200 倍稀释)、百胜-30(1∶200 倍稀释)、火碱(2%)等。

(三)出猪台消毒

转猪结束后立即对出猪台进行清洗、消毒。先清洗、消毒场内净区与灰区,后清洗、消毒场外污区,方向由内向外,严禁人员交叉、污水逆流回净区。

洗消流程:先冲洗可见粪污,喷洒清洁剂覆盖 30 min,清水冲洗并干燥,后使用消毒剂消毒。

（四）工作服和工作靴消毒

猪场可采用"颜色管理"，不同区域使用不同颜色/标识的工作服，场区内移动遵循单向流动的原则。

1. 工作服消毒

人员离开生产区，将工作服放置指定收纳桶，及时消毒、清洗及烘干。流程：先浸泡消毒作用有效时间，后清洗、烘干。生产区工作服每日消毒、清洗。发病栏舍人员，使用该栏舍专用工作服和工作靴，本栏舍内消毒、清洗。

2. 工作靴消毒

进出生产单元均须清洗、消毒工作靴。流程：先刷洗鞋底鞋面粪污，后在脚踏消毒盆浸泡消毒。消毒剂每日更换。

（五）设备和工具消毒

栏舍内非一次性设备和工具经消毒后使用。设备和工具专舍专用，如需跨舍共用，须经充分消毒后使用。根据物品材质选择高压蒸汽、煮沸、消毒剂浸润、臭氧或熏蒸等方式消毒。

使用的消毒剂和工具：卫可（1：200 倍稀释），托盘、镊子、注射器、针头、手术刀柄等。

（六）车辆消毒

卫可（1：200 倍稀释）、百胜-30（1：200 倍稀释）等消毒剂。消毒时间至少30 min 才有效。确保被消毒的对象表面有充足的消毒液并保持至少 30 min，持续喷洒。30 min 后开始烘干。

（七）物资消毒

使用的消毒剂如下。

熏蒸：幻影 360、卫可（1：200）等。

雾化：卫可（1：200 倍稀释）、百胜-30（1：200 倍稀释）等消毒剂。

食材在场外使用食品级次氯酸钠进行清洗消毒分装后进入场内；其他物资放于熏蒸间熏蒸消毒＋雾化消毒，大型物资表面喷雾消毒，持续作用 30 min，检测合格后入场。

（八）人员消毒

使用的消毒剂如下。

雾化：卫可（1：200 倍稀释）、百胜-30（1：200 倍稀释）

161

洗手：卫可（1∶200 倍稀释）

脚踏盆：卫可（1∶50 倍稀释）、火碱（2%）等消毒剂

（九）水源的消毒

使用次氯酸钙对水井和蓄水池进行消毒，每月对水源进行微生物检测一次。

（十）水线的消毒

安装饮水加药器，通过添加喜爱迪 2000 清洁剂进行水线的清洗消毒，浸泡 6 h 以上。

参考文献

[1]蔡宝祥. 家畜传染病学[M]. 北京:中国农业出版社,2001.

[2]陈伟生,沙玉圣,辛盛鹏. 规模猪场(种猪场)非洲猪瘟防控生物安全手册[M]. 北京:中国农业出版社,2019.

[3]华利忠,冯志新,张永强,等. 以史为鉴,浅谈中国非洲猪瘟的防控与净化[J]. 中国动物传染病学报,2019,27(2):96-104.

[4]黄律. 非洲猪瘟知识手册[M]. 北京:中国农业出版社,2019.

[5]刘丑生,刘继辉,陈瑶生,等. 生猪养殖与非洲猪瘟生物安全防控技术[M]. 北京:中国农业科学技术出版社,2020.

[6]王林. 非洲猪瘟防控技术手册[M]. 北京:中国农业出版社,2021.

[7]田克恭,李明. 动物疫病诊断技术——理论与应用[M]. 北京:中国农业出版社,2013.

[8]王志亮,吴晓东,王君玮. 非洲猪瘟[M]. 北京:中国农业出版社,2015.

[9]北京市质量监督局. DB11/T 1395—2017 畜禽场消毒技术规范[S]. 北京:中国标准出版社,2017.

[10]陈晶,王晓虎,黄元,等. 非洲猪瘟流行病学研究进展[J]. 广东畜牧兽医科技,2019,44(3):1-4.

[11]国家市场监督管理总局,国家标准化管理委员会. 臭氧消毒器卫生要求:GB 28232—2020[S]. 北京:中国标准出版社,2020.

[12]扈荣良,于婉琪,陈腾. 非洲猪瘟及防控技术研究现状[J]. 中国兽医学报,2019,39(2):357-369.

[13]李长友,秦德超,肖肖,等. 一二三类动物疫病释义[M]. 北京:中国农业出版社,2011.

[14]史喜菊,刘环,窦树龙,等. 非洲猪瘟病原学和流行病学研究新进展[J]. 中国动物检疫,2020,37(5):63-67.

[15]世界动物卫生组织(OIE). 陆生动物卫生法典:第21版[M]. 农业部兽医局,组译. 北京:中国农业出版社,2013.

[16]中华人民共和国商务部．屠宰企业消毒规范:NY/T 3384—2018[S]．北京:中国标准出版社,2018.

[17]王怀禹．非洲猪瘟国际流行状况、防控经验与发展趋势[J].猪业科学,2019,36(10):34-36.

[18]汪葆玥,刘玉良,马静,等．非洲猪瘟:传染源和传播途径研究进展与分析[J].中国动物传染病学报.http://kns.cnki.net/kcms/detail/31.2031.s.20200305.1515.002.html.

[19]赵凯颖,曾德新,胡永新,等,非洲猪瘟病毒实时荧光RAA检测方法的建立[J/OL].(2020-11-05)[2020-12-21].https://doi.org/10.16656/j.issn.1673-4696.2021.0004.

[20]赵洪进,王建,非洲猪瘟防控知识手册[M].上海:上海科学技术出版社,2019.

[21]国家市场监督管理总局,国家标准化管理委员会．非洲猪瘟诊断技术:GB/T 18648—2020[S].北京:中国标准出版社,2020.

[22]中华人民共和国卫生部,中国国家标准化管理委员会．二氧化氯消毒剂发生器安全与卫生标准:GB 28931—2012[S].北京:中国标准出版社,2012.

[23]中华人民共和国国家质量监督检验检疫总局,中国国家标准化管理委员会.集约化猪场防疫基本要求:GB/T 17823—2009[S]．北京:中国标准出版社,2009.

[24]中华人民共和国农业部．畜禽养殖场消毒技术:NY/T 3075—2017[S].北京:中国标准出版社,2017.

[25]中华人民共和国农业农村部．畜禽养殖场档案规范:NY/T 3445—2019[S].北京:中国标准出版社,2019.

[26]中华人民共和国国家质量监督检验检疫总局．非洲猪瘟检疫技术规范:SN/T 1559—2010[S].北京:中国标准出版社,2010.